南京水利科学研究院出版基金

华北北部土壤风蚀过程与机制

张杰铭 余新晓 著

河海大学出版社
HOHAI UNIVERSITY PRESS
·南京·

图书在版编目(CIP)数据

华北北部土壤风蚀过程与机制 / 张杰铭,余新晓著. — 南京:河海大学出版社,2023.10
ISBN 978-7-5630-8487-6

Ⅰ.①华… Ⅱ.①张… ②余… Ⅲ.①土壤侵蚀-风蚀-研究-华北地区 Ⅳ.①S157.1

中国国家版本馆 CIP 数据核字(2023)第 197541 号

书　　名/华北北部土壤风蚀过程与机制
书　　号/ISBN 978-7-5630-8487-6
责任编辑/曾雪梅
特约校对/孙　婷
封面设计/张育智　周彦余
出版发行/河海大学出版社
地　　址/南京市西康路1号(邮编:210098)
电　　话/(025)83737852(总编室)　(025)83722833(营销部)
经　　销/江苏省新华发行集团有限公司
排　　版/南京月叶图文制作有限公司
印　　刷/广东虎彩云印刷有限公司
开　　本/710 毫米×1000 毫米　1/16
印　　张/8.5
字　　数/148 千字
版　　次/2023 年 10 月第 1 版　2023 年 10 月第 1 次印刷
定　　价/52.00 元

目 录

第一章 土壤风蚀过程与机制研究进展 ······ 001
  1.1 土壤风蚀研究 ······ 002
    1.1.1 国外土壤风蚀研究 ······ 002
    1.1.2 国内土壤风蚀研究 ······ 005
  1.2 土壤风蚀模型研究 ······ 007
    1.2.1 国外土壤风蚀模型研究 ······ 007
    1.2.2 国内土壤风蚀模型研究 ······ 009
  1.3 国内外土壤风蚀防治技术研究 ······ 010
    1.3.1 国外土壤风蚀防治技术研究 ······ 011
    1.3.2 国内土壤风蚀防治技术研究 ······ 013
  1.4 存在问题与发展趋势 ······ 016
    1.4.1 存在问题 ······ 016
    1.4.2 发展趋向 ······ 017

第二章 研究区基本情况 ······ 019
  2.1 张北研究区 ······ 020
    2.1.1 地理位置 ······ 020
    2.1.2 地貌 ······ 020
    2.1.3 气候 ······ 021
    2.1.4 土壤 ······ 021
    2.1.5 植被 ······ 022
  2.2 延庆研究区 ······ 022
    2.2.1 地理位置 ······ 022

		2.2.2 地貌	022
		2.2.3 气候	023
		2.2.4 土壤	023
		2.2.5 植被	023
	2.3	试验样地	024
		2.3.1 张北地区试验样地	024
		2.3.2 延庆地区试验样地	027

第三章 研究内容、方法与试验设计 ········ 031

- 3.1 研究内容 ········ 032
  - 3.1.1 地表覆被特征 ········ 032
  - 3.1.2 土壤风蚀过程特征 ········ 032
  - 3.1.3 风蚀优化防控技术模式 ········ 032
- 3.2 试验设计 ········ 033
  - 3.2.1 样地调查 ········ 033
  - 3.2.2 室外定位监测实验 ········ 033
  - 3.2.3 室内风洞模拟实验 ········ 034
- 3.3 研究方法 ········ 039
  - 3.3.1 样地基本信息测定及样品采集 ········ 039
  - 3.3.2 气象要素监测 ········ 040
  - 3.3.3 土壤要素测定 ········ 040
  - 3.3.4 地表粗糙度要素测定 ········ 041
  - 3.3.5 风蚀监测 ········ 041
  - 3.3.6 数据处理与分析方法 ········ 042

第四章 地表覆被特征与试验处理 ········ 043

- 4.1 植被生长特征 ········ 044
  - 4.1.1 单一植被生长特征 ········ 044
  - 4.1.2 组合植被生长特征 ········ 050
- 4.2 保护性耕作措施特征 ········ 052

　　　　4.2.1　单一保护性耕作措施特征 ·································· 052
　　　　4.2.2　组合保护性耕作措施特征 ·································· 053
　　4.3　风洞模拟试验地表处理特征 ·· 054
　　　　4.3.1　植被措施处理特征 ·· 054
　　　　4.3.2　保护性耕作措施处理特征 ·································· 057

第五章　土壤风蚀过程 ·· 059
　　5.1　土壤风蚀特征 ·· 060
　　　　5.1.1　空气动力学粗糙度特征 ····································· 060
　　　　5.1.2　风沙流结构特征 ··· 067
　　　　5.1.3　土壤风蚀物粒度特征 ·· 071
　　5.2　土壤风蚀影响因素 ·· 072
　　　　5.2.1　气候因素对土壤风蚀的影响 ······························ 072
　　　　5.2.2　土壤类型对土壤风蚀的影响 ······························ 075
　　　　5.2.3　植被与保护性耕作措施对土壤风蚀的影响 ·········· 077
　　5.3　土壤风蚀定量化分析 ··· 083
　　　　5.3.1　土壤转移量定量分析 ·· 083
　　　　5.3.2　土壤风蚀量定量分析 ·· 107
　　　　5.3.3　土壤风蚀率定量分析 ·· 108

第六章　风蚀优化防控技术模式 ·· 109
　　6.1　以减少土壤风蚀为目的的适宜植被结构优化 ··············· 110
　　　　6.1.1　以减少土壤风蚀为目的的小叶杨植被结构优化 ···· 110
　　　　6.1.2　以减少土壤风蚀为目的的樟子松植被结构优化 ···· 113
　　　　6.1.3　以减少土壤风蚀为目的的柠条植被结构优化 ······· 115
　　6.2　以减少土壤风蚀为目的的保护性耕作结构优化 ············ 117

参考文献 ··· 120

第一章

土壤风蚀过程与机制研究进展

土壤风蚀是指土壤中的细颗粒物质在一定风速的气流作用下,被破坏、吹蚀、运移、沉积的复杂地球物理过程,是土地沙漠化的重要组成部分和首要环节,已经给全球生态环境安全构成巨大的威胁。一方面,土壤风蚀会造成土壤颗粒组成变粗、土壤结构遭到破坏,从而影响土壤肥力和生产力水平;另一方面,土壤风蚀会对农田、工矿、交通、大气环境等造成极强的危害。自然界众多因素,如土壤、气候、植被等均会对土壤风蚀过程有重要影响。适宜的植被覆盖及保护性耕作措施可以降低风速,改善土壤微环境,增加土壤中黏粒和团聚体的含量,进一步增强土壤抗风蚀性能。研究和分析覆被条件下土壤风蚀产生、排放的机理,是综合治理土地风蚀沙化的重要理论基础。

本研究以华北北部典型土壤类型(棕壤土、栗钙土)为研究对象,采用室内风洞模拟和野外定位监测相结合的实验方法,实现不同风速强度、土壤和覆被条件下的风蚀过程模拟及实验,监测土壤风蚀产生与排放特征,分析不同类型覆被对土壤风蚀的作用过程与结果;在风蚀颗粒物排放过程分析结果基础上,尝试研究覆被结构特征对土壤风蚀的影响机理及其耦合机制,并在此研究基础上进行风蚀模型的模拟与验证,从而为防治土壤风蚀沙化提供理论依据。

1.1 土壤风蚀研究

1.1.1 国外土壤风蚀研究

国外土壤风蚀的研究,大致可分为以下四个阶段。

第一阶段:20世纪30年代以前

这一阶段是人类认识了解土壤风蚀的萌芽期。科学工作者等通过在恶劣环境中的探险活动和野外考察,积累总结出大量经验,构建了人类最初对风蚀的科学认识。在这一时期,科学家普遍认为,地球上某些地质地貌的形成与土壤风蚀密切相关,因此土壤风蚀在地质地貌研究领域得到广泛应用(陈娟,2014)。虽然前期开展的土壤风蚀相关科学研究还不够系统、不够规范,但是为进一步开展土壤风蚀相关研究搜集和提供了大量的原始资料。比如,Ehrenberg(1847)研究发现非洲土壤细颗粒物在风蚀力的作用下可以远距离传输到欧洲大气中。Blake(1855)研究发现荒漠化地区风沙流中的细小粒子可以通过磨蚀作用对地表造成强烈的侵蚀。Richthofen(1877)认为我国黄土高原地区的典型地貌特征是由风积物经历数百万年时间积聚而形成的。奥勃鲁契夫(1958)通过研究中亚地区岩石的剥离风化和对松散物质的吹蚀,发现了风沙对岩石的磨蚀作用。Free(1911)在开展风力作用下土壤颗粒物位置变化的研究时,首次引入了"跃移"和"悬移"这两个专业术语。斯文·赫定(1997)于1903年在描述中亚地区的一种特殊风蚀性地貌时,首次引入"雅丹"这一术语。Berkey和Morris(1927)通过研究得出风力是导致地形地貌发生变化的动因,并且在此基础上首次提出和解释了"戈壁侵蚀面"这一专业术语。

第二阶段: 20 世纪 30 年代至 50 年代

在这个阶段,土壤风蚀相关研究开始逐渐从感性认识上升为理性认识,也从以往的定性描述开始发展为定量研究,例如,在土壤颗粒物运移、动力机制以及机理方面开展的风蚀实验研究都取得了巨大的进步。

20 世纪 30 年代初期,Bagnold(1941)在北非利比亚沙漠地区收集整理了土壤风蚀方面的宝贵资料,经过研究分析,他对在强烈的风蚀作用下生态环境遭受破坏这一自然现象有了深入全面的认识。他结合现代流体力学与大量的科学研究工作,创立了"风沙物理学"这一理论,标志着土壤风蚀进入了动力相关研究的新阶段。

20 世纪 30 年代至 40 年代,世界范围内的风蚀灾害频发,引起了科学家们的普遍注意。其中,比较典型的是美国大平原的"黑风暴"事件。这一事件发生后,众多科学家开始借助风洞和野外实验对土壤风蚀展开了大量较为系统的研究。Chepil 和 Woodruff(1963)开展了土壤风蚀与土壤性质等方面的相关研究,得出土壤细粉粒含量对风蚀影响显著的结论。他们通过开展土壤风蚀与土壤质地方面的研究,发现大多数风蚀活动中,粒径<0.84 mm 的土壤颗粒抗风蚀能力弱,而粒径>1 mm 的土壤团聚体具有显著的抗风蚀能力。土壤风蚀与土壤碳酸钙含量之间的相关研究结果表明：在壤质砂土中，土壤碳酸钙含量与土壤可蚀性之间存在正相关关系；而在砂质壤土和粉棕壤土中，当土壤碳酸钙含量在 1%～5% 范围内时，土壤可蚀性会降低。他们通过观察发现土壤颗粒在受到风力影响后主要以跳跃的形式发生移动，并指出土壤颗粒发生移动不是由于作用于地表的力，而是依靠土壤颗粒跳跃到一定高度的速度。从 20 世纪 50 年代中期开始，以雅库波夫为代表的苏联科学家通过风洞和野外监测相结合的实验手段，对影响土壤风蚀发生的土壤类型、植被特征以及地形地貌等环境因素和防治土壤风蚀发生所采取的农林草等措施展开了较为系统和全面的研究。雅库波夫通过研究发现，当土壤中含有大量直径在 0.05～0.25 mm 之间的水稳性聚合物时，土壤可蚀性会增大，而土壤中含有大量直径在 >0.5 mm 或 <0.05 mm 范围的土壤颗粒时，土壤可蚀性会降低，并且得出土壤可蚀性大小可能不受土壤中腐殖质含量、水稳性聚合物含量等的影响。

第三阶段：20 世纪 60 年代至 70 年代

在这一阶段，全球环境问题的加剧、计算机等新兴技术手段的发展等都促使土壤风蚀研究得以进一步的发展和完善。Chepil 和 Woodruff(1963)通过研究风速与田间第一次发生土壤风蚀之间的相关关系，发现当田间土壤表层第一次风蚀发生在田间表层形成地表结皮的时候，土壤表层结皮由于强劲的风力磨蚀作用被破坏，结皮下层的可蚀性颗粒就逐渐暴露于地表，土壤风蚀量与风速的平方呈正相关关系，与表层结皮的碎裂度呈负相关关系。这些大量且系统的实验研究数据推动了土壤风蚀模型(WEQ)的提出，是这一阶段取得的最为重要的成果，也标志着风蚀研究从理论研究开始向科学预警及推广应用发展，是土壤风蚀研究领域具有里程碑意义的重大突破。

第四阶段：20 世纪 70 年代至今

20 世纪 70 年代以来，随着科学技术的迅猛发展，土壤风蚀研究也更加深入。Engelstaedter 和 Washington(2007)利用地球卫星等监测手段分析得出全球三大主要风沙来源区分别是非洲撒哈拉地区、阿拉伯半岛地区和中亚地区。Leenders(2006)认为植被对土壤风蚀具有明显的防治效果，并表明影响风蚀的植被特征包括植被的形状、孔隙度、柔韧性以及排列方式。Leenders 等(2007)以西非布基纳法索北部萨赫勒地区为研究区，研究了单个植被元素对土壤风蚀的影响，发现灌木相比树木对土壤风蚀的防治效果更明显。土壤风蚀可以造成污染物扩散以及水文循环的改变(Breshears et al.,2008)。Youssef 等(2012b)通过风洞模拟实验发现单位面积上的土壤风蚀量受植被格局的影响。大规模的扬尘扩散和传输与生物地球化学循环、全球环境水平以及人类健康程度等因素密切相关(Ravi et al.,2012)。Sharratt 等(2013)以哥伦比亚高原为研究区,探究了土壤风蚀与土壤含水量之间的关系,并找到了与之相对应的临界摩擦速度。Avecilla 等(2015)研究了不同土壤跃移颗粒物组成对土壤风蚀的影响,结果表明,总风蚀量随跃移颗粒磨损能量的增加而增加,同时随着跃移颗粒百分含量富集率的降低而增加。

1.1.2 国内土壤风蚀研究

国内土壤风蚀领域的相关科学研究起步相对较晚,与国际上某些发达国家的土壤风蚀研究水平相比差距依旧很大,主要分为以下三个阶段。

第一阶段:20 世纪 50 年代之前

我国对土壤风蚀问题的认识较早,早在公元前 1150 年就有一些学者在历史文献中对这一现象进行了记载,他们将此种风沙灾害描述为"雨土""黄砂"等。地理学家郦道元在描述雅丹地貌时,作了"浍其崖岸,馀溜风吹"的解释。此外,清朝掌管地方县乡的官员开始通过采取保护性措施和灌溉措施等来减轻风沙灾害。可以看出这一阶段,我国对于风蚀的认知及概述停留在感性阶段。

第二阶段:20 世纪 50 年代至 70 年代

新中国成立后,基于对社会生产实践的迫切需要,我国成立了首支治理沙化的专业队伍——中国科学院治沙队,这标志着我国风沙研究进入了新阶段。通过对考察资料长期的积累,20 世纪 50 年代开始进行了一系列防风固沙、沙化土地治理等研究,从 50 年代末开始,中国科学院治沙考察队在我国八大沙漠上建立了多个野外定位监测站点,研究了我国主要沙漠和沙地的分布、形成等特征。这一时期的研究工作还仅仅停留在定性描述阶段,这个时期的代表性著作是《中国沙漠概论》。

第三阶段:20 世纪 70 年代以来

由于科学技术高速发展,国内土壤风蚀方面的研究工作也逐步展开,并且极大程度上是由感性认识阶段逐步转变为定量实验的研究,尤其是风洞实验的研究。凌裕泉和吴正(1980)利用动态影像方面的技术厘清了土壤颗粒在风力作用下的动态变化过程,同时记录了沙粒的起跳角度和降落角度。贺大良和高有广

(1988)运用风洞模拟的实验手段,探索性地开展了土壤风蚀与耕作措施以及外力践踏等因素之间关系的研究。马世威(1988)发现了风沙流的三大影响要素为风速、下垫面性质与输沙量。董治宝(1998)研究得出不同粒径砂粒的风蚀特性不同,同时建立了风蚀率与风速之间的函数关系模型;在此基础上还运用室内风洞模拟与野外定位监测相结合的实验手段,提出了小流域尺度上的风蚀计算模型。严平和董光荣(2003)利用同位素技术,通过分析土壤中 ^{137}Cs 的分布特征,初步确定了青藏高原地区 ^{137}Cs 的背景值,并测定了该地区不同类型土地的现代风蚀过程。王训明等(2001)基于土壤风蚀的随机理论,研究后总结出一系列随机过程模型,主要用于计算土壤风蚀量。史培军(2002)全面系统总结了中国土壤风蚀研究的现状及当前存在的问题,并对未来土壤风蚀研究与土壤风蚀防治提出了展望与建议。张国平等(2002)利用遥感与地理信息系统技术手段估算了全国范围内的土壤风蚀状况,在此基础上运用统计学研究方法拟合得到风蚀动力指数模型。海春兴等(2002)开展了土壤风蚀与植被盖度以及土壤湿度之间关系方面的研究。臧英和高焕文(2006)研制了新型集沙仪,对开展野外风蚀实验有着重要的作用。孙悦超等(2007)通过野外风洞实验,测算了阴山北麓地区不同地表土壤的抗风蚀效果。丁国栋(2010)系统概括了当时的土壤风蚀最新研究结果和难题。王仁德等(2014)通过改进粒度对比分析法成功估算了河北坝上地区单次风蚀事件的农田风蚀量,对该区域农田土壤风蚀的评价和风蚀模型的验证具有很重要的应用价值。巩国丽等(2014)利用气象和遥感数据分析了中国植被变化对土壤风蚀过程的影响,研究表明侵蚀最严重的地方主要在沙漠地区或低覆盖度草原,并且风蚀多发生在春季,占全年风蚀总量的近50%。王仁德等(2015)运用室内风洞模拟和野外定位监测相结合的研究手段,开展了农田土壤风蚀量与风速间关系的研究,发现农田土壤风蚀量与风速之间呈现指数函数规律变化。王仁德等(2017)运用风洞模拟实验和野外监测相结合的方法,建立了一种基于河北坝上地区自然环境的农田风蚀经验模型。张春来等(2018)对土壤风蚀过程研究进行了回顾,并对现阶段风蚀研究迫切需要开展的工作进行了系统全面的梳理。

纵观我国在土壤风蚀科学研究方面取得的进展,不难发现与某些西方发达国家相比较,我国开展的风蚀研究相对滞后了半个多世纪(郭中领,2012)。此外,在研究的深度和广度方面,与国外同行的研究也存在着较大的差距,尤其是我国在风蚀预报模型方面的研究还不太成熟。

1.2 土壤风蚀模型研究

风蚀模型是风蚀规律的定量表达形式,建立风蚀模型的目的是定量估算风蚀的强度与程度,预测预报可能的发展趋势和确定有效的控制措施。准确的风蚀率及精确的风蚀分布区域既是确定土壤风蚀强度的主要指标和土壤风蚀防控的科学依据,同时也是风蚀相关领域亟待解决的关键科学问题之一。纵观国内外研究成果,我们不难发现风蚀的准确预报和评估是一个世界性的科学难题,它代表着土壤风蚀科学的研究水平,是土壤风蚀研究的核心。

随着风蚀研究实验的开展日益增多,人们对土壤风蚀颗粒物与大气圈、陆地生态系统以及海洋生态系统间相互作用机理的认识逐步提高,在风蚀排放的野外实地动态监测、地球卫星遥感监测以及数理模型的模拟估算等方面都取得了迅猛发展。以风沙物理学作为理论支撑,国内外研究学者对土壤风蚀排放机制的认识逐步加深,经过多国以及多家科研机构的反复修正和验证,形成了一系列相对成熟的模型。但目前基于我国气候特点、土壤状况特征、植被生长与覆盖特征等影响因子对土壤风蚀进行相关科学研究还鲜见报道,探究这些影响因素与土壤风蚀之间的关系,对我国土壤风蚀情况的定量预测预报以及制定大气环境质量相关治理管控措施,都具有重要的指导意义和推动作用。

1.2.1 国外土壤风蚀模型研究

输沙率方程是国外最先提出的计算风蚀的模型,它仅仅考虑了风速和粒径这两个变量的影响,很难满足对复杂风蚀过程准确预报的需要。历经半个多世纪的深入研究,风蚀模型研究领域取得了长足的进步。自20世纪40年代以后,众多科学家都投身到风蚀模型的研发中来,相继提出了通用土壤风蚀方程(WEQ)、帕萨克模型(Pasak)、苏联波查罗夫模型(Bocharov)、得克萨斯侵蚀分析模型(TEAM)、风蚀预报系统(WEPS)、风蚀评价模型(WEAM)和修正风蚀方程(RWEQ)等主要的风蚀模型。

Woodruff 和 Siddoway(1965)建立了 WEQ 模型,这是第一个比较系统的风蚀预报模型,该模型考虑了气候、土壤可蚀性、田块长度、土壤粗糙度和植被残留

5个因子来估算农田的年风蚀量,反映了区域范围内的年土壤平均风蚀状况。

Pasak(1973)建立了帕萨克模型(Pasak),综合考虑了风速、相对土壤湿度以及土壤可蚀性等因子,主要用于估算单次风蚀事件的风蚀量。该模型具有变量少、函数关系简单的特点,因而模型计算误差相对较大。

Bocharov(1984)建立了波查罗夫模型(Bocharov),该模型属于一个概念模型。该模型考虑了风况条件、表层土壤性质、气象要素和人类活动4大类共25个土壤风蚀影响因子,并充分考虑了各个因子之间的层次结构和相互作用的影响。他认为,风蚀量会随这些因子的变化而呈现不同的变化趋势。该模型具有对影响因子较全面系统归纳的特点,相较于WEQ模型取得了更大的进步。

Gregory等(1988)建立了得克萨斯侵蚀分析模型(TEAM),该模型运用采样宽度、裸露地表状况、磨蚀调整系数、地表覆盖和土壤可蚀性5个因子,再结合当地实测资料得到的若干参数来估算农田地表上的土壤运动。该模型考虑因子相对较少,因而很难对风蚀的整个过程进行理想的反映。

Hagen(1991)提出了风蚀预报系统(WEPS),这是一个以过程为基础建立的风蚀预报模型,可以实现对不同时段下和不同土地利用类型下的土壤风蚀量预测。该模型具有采用模块化结构和完整考虑风蚀影响因子的特点,所以是目前为止最系统、最完整的风蚀预报模型;但由于建模数据库较庞大、方法较复杂的特点,所以在计算风蚀量时还存在一定的难度。

Shao等(1996)建立了风蚀评价模型(WEAM),包含了摩阻速度、土壤粒度、土壤水分含量及覆盖4个变量,主要用于估算田间的风沙流和浮尘输移量。该模型由于借助了地理信息系统技术,从而实现了宏观与微观间土壤风蚀预报的对接,但由于仅仅考虑了4个风蚀因子,在模型计算方面误差相对较大。

Fryrear等(1998)建立了修正风蚀方程(RWEQ),综合考虑了气候、土壤、田块长度、植被、灌溉及耕作等因子,主要用于对较短时间尺度上风蚀量的计算。

综上所述,风蚀预报模型包括经验模型和理论模型。经验模型由于受建模区域的限制,仅仅在模型构建区域应用效果较好,而在构建区域之外进行推广应用时往往存在很大的局限性;理论模型大多是简化后的推导模型,由于存在因子不够全面和边界较难确定等特点,以及缺乏实验和实地观测验证等不足,在实际应用时也存在一定的难度。

1.2.2 国内土壤风蚀模型研究

与国外少数发达国家在土壤风蚀预测预报方面的发展历程和取得的进展相比较,国内起步相对较晚,发展水平整体较为滞后。我国土壤风蚀分布现状的特殊性、自然条件的复杂性以及人为活动影响的深刻性、广泛性等特点,加之风蚀基础数据比较零散、协作研究不够充分等因素,导致不论在农田、草地,还是在沙漠、荒地,都缺乏长期且系统完整的实验监测数据。截至目前,我国还没有建立起适应于我国实际的风蚀预测预报系统,仅仅有一些地区性的计算模型。例如,董治宝(1998)根据风洞模拟实验结果,通过分析陕北六道沟小流域的风蚀特征,分别建立了风蚀量公式和适应于我国北方干旱半干旱地区的风蚀强度与风速间的拟合关系等。风蚀量公式是在大量室内风洞模拟实验的基础上,对模型的变量进行系统性划分和动态分类后得到的一个统计模型。由于该模型综合考虑了3大类共7个影响因子,从而实现了模型的有效性和模型变量获取方式的简便化。王训明等(2001)基于土壤风蚀随机理论,对相关理论进行深入分析后得出了土壤风蚀的随机过程模型,主要用于计算任一类可蚀性颗粒物的随机概率分布、数学期望(平均风蚀量)以及方差。随机模型是指以随机理论为基础、根据土壤是否发生风蚀这一随机事件而建立的各风蚀影响因子随机分布的函数模型。张春来等(2002)在室外定位监测和室内风洞模拟实验的基础上,研究了土壤含水情况、地表糙度情况、作物及植被覆盖情况和耕作措施情况等对土壤风蚀的影响,分别建立了农田、草原以及沙化土地上的风蚀物输移量与风速大小之间的函数关系。黄富祥等(2001)依据我国北方地区的实际情况改进了Buckley输沙率方程,并对不同土地利用方式下的土壤风蚀情况进行了预测。王仁德等(2017)根据野外风沙监测实验和室内风洞模拟实验得到的结果,提出了一种基于河北坝上地区的农田土壤风蚀经验模型,该模型考虑了风力、粗糙度以及土壤抗蚀性这3大类风蚀影响因子,具体包括起沙风速、地表粗糙度、土壤可蚀性和土壤含水率这4个风蚀影响因子,主要用于对各种农田地表上的土壤风蚀量进行准确定量测算。

这些尝试对我国风蚀模型机理和应用研究都起到了很强的推动作用,但无论是在改进国外现有的风蚀模型,还是提出自己的模型方面,进展都相对比较缓慢,建立一个能够对我国绝大多数地区土壤风蚀排放情况进行较为准确的预报的模型,一直以来都是困扰我国风蚀领域研究学者们的最主要的难题之一。

1.3 国内外土壤风蚀防治技术研究

经过多年的实验研究,专家学者们发现仅仅对土壤风蚀进行现状评估分析和预报研究并不能够减小土壤风蚀造成的影响,而是要针对土壤风蚀产生的条件提出一些有效的防控措施,在生物、机械和化学措施中,实践证明:相比于其他措施,生物措施有着更可观的生态效益和经济效益,而其中利用植被的特性来防治土壤风蚀发生发展是最为重要的生物措施。采取植被措施以及采取保护性耕作技术措施来防治沙地和农田土壤风蚀方面的相关研究进展总结如下。

植被生长能有效减少土壤风蚀的产生和传输,其可通过多种途径来保护自身生长发展所需的土壤环境。植被的地上部分主要通过三种基本的生态过程来对表层土壤形成保护:一是植被通过覆盖地表,减少了强劲的气流对土壤表层的直接吹蚀作用;二是植被的生存生长增加了土壤近地层的粗糙度,通过吸收部分风力所携带的能量和分散地表以上一定高度范围内的风能,减小了近地表的风速,能量被削弱后的气流携带表层土壤颗粒物质的能力也随之下降,最终减少风蚀造成的土壤损失;三是植被的地上部分可以有效地阻挡一部分气流,由于植被冠层的阻挡作用,气流速度降低,导致气流携带颗粒物的能力下降,就使得颗粒物沉积在植被的四周。此外,庞大且复杂的植被根系在防治土壤风蚀方面也发挥了极为重要的作用,植被通过根系等改善了土壤理化性质,而错综复杂的根系又能固结土壤颗粒,最终降低了土壤风蚀的强度。

保护性耕作技术起源于20世纪30年代震惊世界的"黑风暴",它从南到北,横扫了美国大平原。"黑风暴"刮走了表层富含有机物质的土壤,毁坏了约30万 hm^2 的良田。大自然的报复,使人们逐渐认识到人类与大自然环境和谐发展的重要性。基于此,美国政府于1942年成立了土壤保护局,对防治土壤风蚀的各种保护性耕作方法展开了大量系统的研究。经多年的科学研究和生产实践,初步形成了以少耕、免耕为基础,秸秆保留或残茬覆盖为核心的保护性耕作措施技术体系。保护性耕作技术最早在美国得到了快速推广与应用,极大地提高了经济和生态效益,粮食产量普遍提高了10%以上,水土流失量减少了近80%。截至20世纪末期,美国16.7亿亩①农田中,传统耕作方式仅为6.58亿亩,占比约39.4%;以少耕、免耕为主要内容的保护性耕作方式面积为10.12亿亩,占比达60.6%。截至目前,农业保护性耕作技术已经在全球范围内得到了广泛推广及应用,总面积达数十亿亩,世界上推广面积较大的有美国、澳大利亚、加拿大等国家。2001年10月初,联合国粮食及农业组织(FAO)与欧洲保护性农业联合会在西班牙召开了第一届世界保护性农业大会,这在保护性耕作技术研究和推广应用史上具有里程碑式的意义(魏延富,2005)。除上述国家之外,欧洲、以色列、墨西哥和印度等国家和地区也在保护性耕作技术方面取得了一定的成就。各个国家或地区实施和发展保护性耕作技术的原因不同,开始应用的时间也不一样。美国开展的研究最早,在经历过"黑风暴"事件之后,开展了关于保护性耕作技术在减少土壤风蚀等方面的研究。澳大利亚从20世纪70年代开始开展保护性耕作技术研究及其推广应用,主要用于解决因大规模机械化翻耕而导致的土壤侵蚀严重等问题。苏联在20世纪60年代对西伯利亚半干旱草原地区开展农业生产过程中,也开展了保护性耕作技术方面的相关实验研究。根据对实施与推广应用保护性耕作技术的上述国家的分析可知,保护性耕作技术产生的原因主要是不合适的耕作方式所造成的生态环境的破坏。

保护性耕作技术是在实行免耕、少耕措施的基础上,采取作物秸秆留茬和残茬覆盖等方式,使土壤表层机械组成、孔隙状况、土体有机物质含量得到明显改善,最终实现农业可持续发展的一项综合耕作技术(刘洋等,2009)。其作用可大致概括如下:可以相对地增加土壤湿度,从而明显改善土壤的墒情;可以大幅度减少土壤风蚀的产生和发展,从而有效降低了"沙尘暴"等气象灾害的发生概率;可以减少土壤表层富含有机质的细颗粒物的风蚀流失,从而相对地增加了土体中的营养物质含量;减少了人力和机械的投入,从而节省了农业生产的成本。

1.3.1 国外土壤风蚀防治技术研究

在植被防治土壤风蚀的相关实验研究方面,主要是围绕植被盖度开展研究,多数实验都是关于植被盖度与风蚀强度之间关系的。Lettau(1969)采用室内风洞模拟的实验手段,研究了植被盖度与地表粗糙度之间的关系,并建立了回归关

---

① 1亩=1/15 hm^2

系模型。Marshall(1971)分析风洞模拟监测数据后发现了植被覆盖地表对土壤风蚀有明显的削弱作用,并确定了植被防治土壤风蚀的两个临界值。Lee 和 Soliman(1977)通过开展大量的野外实地监测实验,经统计分析后得出植被盖度与地表粗糙度之间存在着显著正相关关系,植被形状对土壤风蚀输沙情况有明显的影响,匍匐生长的植被防治风蚀的效果要优于直立植被。Bressolier 和 Thomas(1979)以法国沿海沙丘为研究对象,发现植被高度、宽度和盖度是植被对土壤风蚀产生影响的三大指标。Lyles 和 Allison(1981)开展了植被覆盖对土壤风蚀影响的实验研究,并提出了二者之间的模型关系。Nanninga 和 Wasson(1986)对一系列野外监测实验数据进行整理分析后得出,植被覆盖对土壤风蚀有明显的抑制作用,此外,还建立了植被盖度与风蚀输沙率之间的关系式。Findlater 等(1990)通过将有植被措施时的输沙率与无植被措施时的输沙率作比而求得输沙比率,以此表征植被在减少土壤风蚀输沙方面的作用,与之前多数研究采用的输沙率相比,具有结果直观形象、可以消除相对误差等优点(王晓东等,2005)。Fryrear(1985)利用风洞模拟实验研究了风速与植被密度、高度及直径对风蚀量的影响。Byron(2013)研究表明植被覆盖可以通过减小近地表风速,使得表层土壤细颗粒物质免受风力吹蚀,从而有效减缓了土壤风蚀的发生,明显削弱了土壤风蚀的强度。Mendez 和 Buschiazzo(2010)研究发现植被覆盖和植被生长状况是影响土壤风蚀的两大因素。Funk 和 Engel(2015)利用风洞模拟实验,研究发现土壤风蚀量与植被覆盖、轮廓面积、树干质量以及排列方式之间存在一定的相关性。

  Chepil 和 Woodruff(1963)通过研究农田地表植被覆盖度与土壤风蚀量之间的关系,发现农田采取留茬保护性耕作措施时,与地表裸露的农田土壤风蚀量相比,削减土壤风蚀量接近 82.5%。Stetler 和 Saxton(1996)通过研究证明了保护性耕作措施能够有效地控制哥伦比亚高原土壤风蚀的产生和颗粒物的排放。Clausnitzer 和 Singer(1996)在实验研究的基础上分析得出,通过管理农田耕作方式,如定时耕作方式,可使土壤含水量得到优化,进而减少土壤风蚀的排放。Daba 等(2003)整理分析前人的研究结果后,发现与不采取保护性耕作措施时相比,采取保护性耕作措施可降低土壤风蚀量约 60%。Holland 等(2005)在总结前人研究的基础上,发现在欧洲农田采取保护性耕作措施后,土壤风蚀排放量得到明显控制,同时也改善了大气环境质量、陆地环境和水生态环境。Evans 等(2005)总结前人约 100 份研究结果后指出保护性耕作措施显著降低了土壤风蚀量。Lal 等(2007)和 Derpsch 等(2010)通过研究认为保护性耕作措施是控制土壤侵蚀的有效方法。Montgomery(2007)发现,与传统翻耕地相比,保护性耕作措施减少土壤风蚀约 60%~99.9%。Tanaka 等(2010)采用室外定位监测的实验方法,研究了土壤风蚀与农田土壤表层残茬盖度间的关系,研究表明当作物残茬盖度达到 30%时,相对于传统翻耕地而言,农田土壤风蚀量减少约 70%。Miner 等(2013)研究表明:在科罗拉多州干旱和半干旱地区,为了实现土壤风蚀得到有效控制的目的,玉米残茬覆盖度应超过 70%。Mendez 和 Buschiazzo(2015)通过研究植被盖度与土壤风蚀之间的关系后发现,植被覆盖能够有效降低土壤风蚀发生的概率,减弱土壤风蚀的强度,并且指出当地表覆盖度为 60%时,土壤风蚀量降低幅度可超过 80%。Mendez 和 Buschiazzo(2015)和 Bergametti 等(2016)研究后指出残茬覆盖度、土壤性质、风速大小是影响风蚀产生的三大因子。Graham 等(2007)指出,如果对农田采取免耕措施,当秸秆覆盖度达到 44%时,才可以对土壤风蚀起到显著的抵抗作用,而在翻耕措施下,为达到有效防治土壤风蚀发生的目的,秸秆覆盖的阈值应超过 72%。

1.3.2 国内土壤风蚀防治技术研究

我国开展植被措施对防治土壤风蚀影响及效果方面的研究相对较晚,而且开展的研究较不系统。吴正(1987)在研究植被覆盖与土壤风蚀之间的关系后发现,土壤风蚀输沙率可以比较准确地衡量近地表土壤的风蚀输沙情况。董光荣等(1987)利用室内风洞模拟实验,研究了植被与风速、风蚀之间的关系。俞学曾等(1991)通过室内风洞模拟实验,发现乔灌混交结构的防风固沙效果最优。胡孟春等(1991)开展了室内风洞实验,探讨了植被覆盖与土壤风蚀间的关系,确定了防风蚀的植被盖度阈值为 60%。沈晓东等(1992)采用室内风洞模拟的实验手段,开展了灌木覆盖与土壤风蚀之间关系的研究,发现了灌木防风蚀的最优盖度值,并且指出合适的乔灌混交结构的防风固沙效果更好。董治宝等(1996a,1996b)在研究植被特征与土壤风蚀之间的关系后发现,植被密度、分布形式和作用区面积的大小是影响风蚀强度的三大重要因素,植被均匀分布比丛状分布的防风蚀效果更优。陈渭南等(1994)采用室内风洞模拟的实验手段,对土壤风蚀与植被特征指标之间的关系进行了研究,发现植被特征指标对土壤风蚀有着显著的影响,土壤风蚀量随着植被密度的增加呈显著降低趋势,并且发现当植被盖度为 20%~

40%时土壤风蚀得到明显防治。董治宝等(1996a,1996b)研究发现,植物主要是通过改变下垫面的性质和风蚀强度来防治风蚀的,影响因素主要包括植被盖度、高度、形状、排列方式和植株弹性等。黄富祥等(2002)是在大量总结国内外最新科研成果的基础上,从理论研究、野外实测实验和数理模型分析这3个方面出发,对植被覆盖与地表土壤侵蚀之间的关系进行了系统的整理和评述,并基于国内风蚀研究现状提出了下一步应该深入探讨的4个重点问题。张华等(2002)采用野外实地监测和室内风洞模拟实验相结合的手段,研究发现植被覆盖与风蚀输沙率之间存在着明显的负相关关系,而且植被高度和地表紧实度与土壤风蚀量也存在着负相关关系。何洪鸣和周杰(2002)在研究防护林的防风固沙效果时,利用微分方程建立了防护林与土壤风蚀之间的动态模型。张春来等(2003)分别建立了土壤风蚀量与植被盖度和风速的线性回归关系。赵彩霞等(2005)研究了植被类型对土壤风蚀的影响,发现在干旱和半干旱地区,灌木植被防风蚀效果最强,草本次之,乔木较弱。段学友等(2005)在研究植被对土壤风蚀的影响时,发现植被通过提高沙地的粗糙度,大大增强了其土壤的抗风蚀能力。马瑞等(2009)通过研究梭梭林对土壤风蚀的影响,发现大株型及稠密结构的植株降低风速的幅度要小于冠幅大而枝条较稀疏的植株,研究得出合理疏密结构的梭梭林可以通过有效降低风速来达到防风固沙的目的。马艳萍和黄宁(2011)利用植被对土壤风蚀的影响研究建立了耦合动力学模型。

  我国在长期的农田土壤耕作实践中创造了多种保护性耕作技术,根据地理区域和目标要求形成了方式方法多样且具有不同发展层次的保护性耕作技术,从而适应了各地自然条件,提高了生产发展水平。在我国,东北地区较早就开始了保护性耕作技术的实验研究和推广应用工作。从20世纪70年代开始,在原有传统垄作的基础上,发展了其他类型的保护性耕作技术,它们的主要作用是改善土壤湿度状况、维持土体温度水平以及减少土壤风蚀排放。除此以外,在西北地区广袤土地上大规模采取农田保护性耕作技术措施以后,对水土保持、改善土壤性质和增产保收等都起到了积极的作用,同时也取得了较为明显的经济、社会和生态效益。纵观国内外开展的大量保护性耕作生产实践,我们不难发现,农田采取残茬覆盖措施后,不仅水土资源得到保护,土地肥力水平得到改善,大气环境质量也得到明显改善,因此农田采取残茬覆盖保护性耕作技术措施是实现可持续现代农业的重要举措(曲堂波,2013)。20世纪70年代以来,保护性耕作技术获得较快发展,截至 90 年代初全国保护性耕作面积达到 20 万 km²,但新技术仅仅占了不到 30%。由于基层广大领导决策人员和农业从业者对保护性耕作技术的认知水平还不是很高,所以该技术难以得到大面积推广和应用,截至 1999 年我国北方仍然有大片农地采取传统耕作的方式,导致土地荒漠化问题依旧不容乐观(刘裕春等,1999)。国内在开展保护性耕作措施防治土壤风蚀的研究方面起步虽较晚,与一些发达国家还有不小的差距,但是也取得了众多科学进展。陈智等(2010)研究表明,作物进行留茬处理时,留茬行数对近地表风速廓线特征和土壤风蚀排放情况具有显著影响。哈斯和陈渭南(1996)研究发现:传统翻耕地遭受风蚀危害后,表层细颗粒物质大量流失,土壤有机质含量减少;而采取留茬措施后,农田土壤抗风蚀能力得到明显增强。董治宝等(2000)通过研究表明,为使土壤风蚀状况得到明显改善,较为理想的残茬覆盖度为 72%。黄富祥等(2001)采用室外定位监测的实验手段研究了植被覆盖与土壤风蚀之间的关系,并进一步研究推算出不同风速条件下的植被盖度阈值。臧英等(2003)在开展农田土壤风蚀相关科学实验时,发现风蚀物主要集中在距离土壤表层 30 cm 高度以下,并且土壤风蚀颗粒物随着高度的升高而呈减少趋势。周建忠和路明(2004)在研究保护性耕作残茬覆盖度对农田土壤风蚀的影响时,发现随着作物残茬高度的增加,土壤风蚀量呈逐渐减少的趋势,并得出作物留茬高度的阈值为 25 cm。孙国梁(2004)的研究表明,与传统翻耕农田相比,采取免耕措施后土壤风蚀量减少了一半以上。赵满全等(2006)研究表明,土壤风蚀量及风蚀物的最大跃移高度与风速大小均呈显著正相关关系,农田土壤采取作物留茬处理和残茬覆盖处理后土壤风蚀量显著减少。他们还得出有效防治土壤风蚀的植被盖度阈值为 25%。于明涛等(2008)通过实验研究了向日葵残茬高度和密度对土壤风蚀的影响,得出近地表风速与高度和密度呈负相关关系,而地表粗糙度与高度和密度则呈正相关关系。郭晓妮和马礼(2009)研究发现,无植被覆盖翻耕地土壤风蚀率要明显高于有植被或作物残茬覆盖的土壤风蚀率,因此可以通过在土壤表面保留覆被来减少土壤风蚀的发生,从而达到保护土壤的目的。赵沛义等(2011)在我国北方农牧交错地区开展野外定位监测试验时,研究了留茬密度对农田土壤风蚀的影响,发现任意一种留茬密度下,风蚀量与风速之间均呈指数函数关系。麻硕士和陈智(2010)在研究保护性耕作对土壤风蚀的影响时,发现保护性耕作措施可以明显降低近地表层风速,减少风蚀输沙量超过 50%;同时还发现土壤风蚀输沙受多重因素共同作用影响,而非其中某个因子起决定性作用。赵永来等(2011)开展了植被盖度与风速对土壤风蚀影响的研究后发现,风速在 8~10 m/s 范围内时,与之对应的临界植被盖度为 20%~80%。因此我们可以得出,保护性耕作技术措施可以降低土壤近地表风速,增加地表糙度,并通过植被残茬的作用最大限度地保护土壤表面,减少耕作导致的土壤扰动,避免了土壤结构的破坏,极大地减少了土壤风蚀的产生和扩散,从而保证了生态环境的可持续健康发展。

1.4 存在问题与发展趋势

近年来,国家各有关部门对生态环境高度重视,然而首都圈面临的生态环境问题依然很严峻,特别是冬春季节一再出现的沙尘、扬沙甚至是沙尘暴天气,使首都圈的大气环境质量明显受到影响,同时也对首都圈经济发展、社会发展以及人居生活造成巨大威胁,因此改善首都圈生态环境质量和城市人居环境水平刻不容缓。

1.4.1 存在问题

(1) 通过植树造林对沙化土地进行植被修复是土壤风蚀防治的有效手段。现阶段,在植被防治土壤风蚀方面的研究,主要仍以植被覆盖为核心,而关于植被轮廓特征、密度大小以及分布格局等因素对土壤风蚀影响的研究也极为重要。此外,现阶段的研究主要是比较已有植被的风沙防护作用,关于如何合理配置植被、如何确定风沙防护效益最理想时植被特征的临界值等问题的研究还很欠缺,是目前急需解决的主要生态环境问题之一。开展华北北部典型区域沙化土地上植被修复措施对土壤风蚀排放影响的实验研究,研究土壤风蚀的排放过程规律,揭示土壤风蚀产生与排放的机理,最终通过建立土壤风蚀排放模型,确立华北北部典型区域植被建设的最优措施和植被营建指标的阈值条件。开展这些研究将对我国目前干旱、半干旱区的植被防护体系营建、大气环境质量改善和实现社会永续发展具有极为深远的意义。

(2) 土壤沙化作为土地退化的主要形式之一,已成为中国华北北部地区当下面临的一个重要生态环境问题,关乎人民身体健康、国民经济水平、社会和谐稳定乃至国家生态安全。每年春季,大风天气频发,由于植被枯萎或落叶而使植被覆盖度达到一年中的最低值,从而导致华北北部地区成为中国北方土壤风蚀沙化程度最高和发展最快的地区之一。近年来,京津冀等地区经常受到沙尘等灾害性天气的影响,引起社会各界的广泛关注。在北京市的各类裸地中,以裸露农田的面积最大,是京津冀地区春季沙尘污染最重要的本地沙源。开展北京地区农田采取保护性耕作措施后土壤风蚀的相关实验研究,旨在通过分析农田土壤风蚀排放规律及构建土壤风蚀排放模型,确定华北北部区域防风蚀的最优保护性耕作措施及最优保护性耕作措施下的参数指标阈值条件,这将对改善首都圈生态环境具有十分重要的意义。

(3) 目前使用较普遍的土壤风蚀模型多数建立在小尺度范围内,模型参数虽然在多个区域进行了长期的验证,然而依旧对区域适用性等条件要求苛刻,当一个模型被引入其他区域,在使用前都要对其进行必要的修正。因此在引进国外先进模型时,要在认真分析模型构建原理,厘清模型参数间逻辑关系的基础上,对该模型进行适当的改进或修正,并对经过修正的模型进行充分验证。

1.4.2 发展趋向

野外实地监测是实现土壤风蚀精准化研究的重要途径。建立标准化风蚀实验监测场地,开展土壤风蚀过程野外连续定位监测,获取连续且完整的第一手监测数据资料,提高土壤风蚀的野外监测能力和水平,可为下一步做好风蚀过程研究和模型开发研究做好铺垫。

由于土壤风蚀本身具有极为复杂的物理机制和巨大的时空变异性等特点,在目前乃至今后很长一段时间内,进行土壤风蚀室内模拟、定位监测、模型开发应用与防护措施评价都将是一项非常具有挑战性的艰巨任务。但随着科学技术日新月异的发展,室内风洞模拟实验的系统性开展、天地一体化监测网络体系的建设以及数字化模型模拟平台的建立,在计算机模拟以及大数据共享平台等先进技术加入以后,土壤风蚀研究将进一步走向定量化、数字化及精准化的新时期。

随着科学技术的不断发展,在土壤风蚀研究中对自然过程的模拟也变得与实际情况更加接近,与此同时,所建模型也趋向于更加复杂。同时对模型参数进行验证需要足够多的数据资料,因此数据的获取也变得尤为重要,而遥感与地理信息系统技术相结合恰恰能够满足数据高效采集与获取的需求。可以相信,随着遥感与GIS技术的快速发展、算法技术取得的突破性进展、遥感信息源的日渐多样化以及获取方法的简易化发展等,再加上其所具有的省时、省力等特点,将为土壤风蚀的动态监测提供可能。

第二章

研究区基本情况

本研究旨在探讨植被措施和保护性耕作措施对土壤风蚀排放的影响，由于防风固沙林在我国华北北部区域的张北地区大面积存在，而农田采取保护性耕作技术措施在我国华北北部区域的延庆地区应用也较为普遍；所以本研究将张北地区和延庆地区设置为研究区，分别开展植被措施、保护性耕作措施对土壤风蚀过程影响的实验研究。

2.1 张北研究区

2.1.1 地理位置

张北县地处河北省西北部坝上高原地区的张家口市境内，位于内蒙古高原、燕山山地和华北平原的过渡带上。该区地处我国北方 11 省区的万里风沙线上，属典型的北方农牧交错区。北部与张家口市康保县相邻，东部与承德市沽源县交接，西部与张家口市尚义县相接，南部紧邻张家口市万全县，西北方向与内蒙古自治区商都县接壤，东南方向与张家口市崇礼区相连，区域形状呈东西宽、南北窄的特点，是内蒙古西北风沙南下的必经之地。本研究区域位于张北县二台镇，距县城约 30 km，距北京约 280 km。

2.1.2 地貌

张北地区海拔处于 1 300～1 800 m 之间，地势相对较高，土地沙化严重，土壤表层破碎化程度较高，地形结构也较为复杂。该地区地貌类型种类多样，有山口沟峰列布的坝头区，有平缓的丘陵区，有岗梁相间的平原区，此外还分布有多处"风口"和"风道"。一般认为，该地区地貌可分为西面的丘陵区、东南方向的坝头区以及中部的平原区 3 个主要类型（刘自强，2019）。东南方向的坝头区地处内蒙古高原范围内，海拔高度在1 600~1 800 m之间，由它区分出了坝上内流区与坝下外流区，境内桦皮岭海拔高度约为2 130 m；北部与中部地势较为平坦，向西北渐低，最低点为安固里淖，海拔高度约为1 300 m。研究区位于高原丘陵地带，地形平缓、切割浅，相对高差一般为50~200 m。

2.1.3 气候

张北地区常年处于蒙古高压的控制下，地处坝上高寒区地带，属中温带大陆性季风型气候。该地区气候特点为春季雨水较稀缺，多大风天气且常伴有沙尘，夏季炎热干燥，秋季气温骤降，冬季气温极低，整体上呈现夏秋季节较短而冬春季节较长的特点。降水少与气温低是该地区气候的突出特征。冬春季以西北风为主，夏秋季风向主要为东南风。多年平均降水量为396.7 mm，多年平均连续无降水日数最多为60 d，冬春季节多干旱，降水主要集中在夏季，约占全年降水的70%。多年平均蒸发量为1 735.7 mm，干燥度为3.5。年内平均风速4.6 m/s，最大风速可达24 m/s，达到七级以上风力的日数平均为60 d，最多为93 d，其中春季大风日数约占全年大风日数的43%，年均沙尘暴天数为10 d，冬春季以西北风为主，夏秋季节盛行风向为东南风。多年平均气温为4.1℃，夏秋季节昼夜温差和气温日较差均较大，分别为10~17℃和13~15℃，极端最低气温和极端最高气温分别为−34.8℃和33.4℃，最冷月平均气温为−18.6℃，最热月平均气温则为17.6℃，≥10℃年积温为1 962℃，无霜期为107 d，多年平均日照时数约为2 897.8 h。

2.1.4 土壤

张北地区土壤母质以玄武岩、花岗岩、片麻岩和风积沙土为主，主要土壤类型为栗钙土，伴有棕壤、草甸土和褐土。耕作土壤层的厚度均值可达30 cm，土层厚度较薄且孔隙状况较差，主要土壤类型为沙质土。土壤pH值范围是5.52~7.37，土壤肥力较低，有机质含量偏低，平均值约为1.6%，土壤养分含量总体处于较低水平，土壤营养条件和保肥保水能力均比较差。根据全国土壤养分分级标准，该地区有机质含量等级为4级，钾素为5级，氮素和磷素均为6级。土壤风蚀化程度较高，土壤湿度较低，土壤硬度最小值范围处于距地表0~10 cm之间。

2.1.5 植被

张北地区植被类型以人工防护林、草地以及农作物等为主。乔木树种主要有小叶杨(*Populus simonii* Carr.)、樟子松(*Pinus sylvestris* var. *mongolica* Litv.)、云杉(*Picea asperata* Mast.)、榆树(*Ulmus pumila* Linn.)、旱柳(*Salix matsudana* Koidz.)为主;灌木以柠条(*Caragana korshinskii* Kom.)、沙棘(*Hippophae rhamnoides* Linn.)、山杏[*Prunns sibirica* (Linn.) Lam.]和枸杞(*Lycium chinense* Miller)为主;草本为当地自然植被,种类多样,包括冰草[*Agropyron cristatum* (Linn.) Gaertn.]、沙打旺(*Astragalus adsurgens* Pall.)和老芒麦(*Elymus sibiricus* Linn.)等。

2.2 延庆研究区

2.2.1 地理位置

延庆区作为首都北京的北大门,位于北京市西北郊,太行山脉与燕山山脉的交汇处,与北京城中心直线距离约为 80 km。东西向宽度最大为 70 km,南北向长度最大为 50 km,整体上呈东北—西南方向延伸的长方形,东部与北京市怀柔区为邻,南部与北京市昌平区接壤,西部与河北省怀来县相接,北部与河北省赤城县紧邻。作为华北地区的五大风廊之一,延庆地区一直以来都是周边高原地区风沙进京的重要通道。全区共有 15 个乡镇,大多位于县城西南部的平原上或浅山地区。

研究区位于北京市延庆区的康庄镇,距北京市中心 73 km,地处八达岭长城以西约 10 km,西面与官厅水库相邻,北面和延庆区中心相距约 10 km。

2.2.2 地貌

延庆区北东南三面环山,西临官厅水库,中部为延庆八达岭长城小盆地,即延怀盆地。该区位于盆地东部,区域范围内的山脉体系以军都山为主,总体走向为北东向和东西向,属于燕山山脉的一部分,全境平均海拔高度约为 500 m。该区土地总面积约 2 000 km²,山区面积约占 70%,平原面积接近 30%。境内有 80 多座海拔 1 000 m 以上的高峰。海坨山为延庆区内的最高峰,海拔高度达到 2 241 m,也是北京市的第二高峰。东北方向为西部高东部低的中低山地,平均海拔高度约为 1 000 m,南部山地地势普遍较低,属于低山区。由于常年累月降水稀少,植被相对较为稀疏,土壤干旱程度较高,该区水土流失问题比较严重(孙艳红,2011)。山前盆地为一冲击平原,海拔高度平均值约为 500 m,盆地南北方向距离最大为 35 km,东西方向距离最大为 15 km。

2.2.3 气候

延庆区的气候类型属于半湿润半干旱暖温带气候,是温带与中温带、半干旱与半湿润区的过渡地带。一年四季气候差异较大,冬季寒冷干燥,夏季炎热多雨,春季多西北方向的大风且雨水较少。山区气温均值约为 10.8℃,其中,一月份气温均值最低,处于 7.4～12.2℃ 之间,多年平均值约为 8.8℃;而七月份气温均值最高,多年平均气温约为 23.2℃。该区极端气温最低为 −26.3℃,极端气温最高为 39.0℃。降水时空分布不均,主要集中在 7—8 月份,约占全年总降水量的 60%,多年平均降水量为 493 mm;且降水年际间变化较大,最大年降雨量约为 747.2 mm,而最小年降雨量仅为 274.7 mm。全区多年平均风速约为 3.4 m/s,全年大于等于 17.0 m/s 的风速出现近 40 次,风速最大值可达 24 m/s,其中康庄镇及其附近地区风沙危害最为严重。多年平均日照时数为 2 826.3 h,多年平均水面蒸发量为 1 745.9 mm,平原区年无霜期平均为 180～190 d,山区为 150～160 d。

2.2.4 土壤

延庆区土壤分为 5 大类 17 个亚类 49 个土属 160 个土种。延庆区土壤类型以褐土和棕壤土为主,受地形地貌特点和地下水等的影响,土壤类型存在明显差异。山区的主要土壤类型为棕壤土和山地草甸土,其中棕壤土约占全区总面积的 22%,山地草甸土约占 1%。平原区主要土壤类型为褐壤土,约占 73.04%。在白河、黑河、妫水河两岸及洪积扇的边缘土壤类型以潮土为主,约占 4.18%;低洼地带主要土壤类型为水稻土,约占 0.75%;另有裸岩面积占 0.75%。

2.2.5 植被

作为国家生态文明建设示范区和北京生态涵养发展区,延庆区林业用地面积为1 413.06 km²,2009年林木绿化率达72%,植被分布特点为:广泛分布有阔叶林、针叶林和半干旱生杂灌丛等,尤以落叶阔叶林和灌丛分布最广,且多见混生、伴生现象,生物资源丰富。乔木种类有刺槐(*Robinia pseudoacacia* Linn.)、白桦(*Betula platyphylla* Suk.)、山杨(*Populus davidiana* Dode)、小叶杨(*Populus simonii* Carr.)、蒙古栎(*Quercus mongolica* Fischer ex Ledebour)、辽东栎(*Quercus wutaishanica* Mayr)、油松(*Pinus tabulaeformis* Carr.)、侧柏[*Platycladus orientalis* (Linn.) Franco]等;天然分布的灌木主要有荆条[*Vitex negundo* Linn. var. *heterophylla* (Franch.) Rehd.]、酸枣[*Ziziphus jujuba* var. *spinosa* (Bunge) Hu ex H. F. Chow.]、胡枝子(*Lespedeza bicolor* Turcz.)、华北绣线菊(*Spiraea fritschiana* Schneid.)等;草本主要有万年蒿(*Artemisia gmelinii* Web. et Stechm.)、长芒草(*Stipa bungeana* Trin.)、细叶石斛(*Dendrobium hancockii* Rolfe)、披针薹草(*Carex lancifolia* C. B. Clarke)、冷蒿(*Artemisia frigida* Willd.)、歪头菜(*Vicia unijuga* A. Br.)、大油芒(*Spodiopogon sibiricus* Trin.)、地榆(*Sanguisorba officinalis* Linn.)、唐松草(*Thalictrum aquilegiifolium* Linn. var. *sibiricum* Regel et Tiling)、苍术[*Atractylodes lancea* (Thunb.) DC.]等。

2.3　试验样地

2.3.1　张北地区试验样地

根据2016—2017年两年在张北地区进行的样地调查,张北地区优势树种分布面积最广的是小叶杨、樟子松和灌木柠条。本研究以优势阔叶落叶树种小叶杨纯林、优势常绿针叶树种樟子松纯林、优势灌木树种柠条纯林、苜蓿草地、裸露平坦农田为研究对象,在林场内选取植被生长状况良好,满足野外监测实验条件的地点,建立5块固定监测样地。土壤类型均为栗钙土。张北地区试验地位置分布及现场状况分别如图2.1和图2.2所示,试验地基本概况及土壤理化性质分别见表2.1和表2.2。

图 2.1 张北地区样地位置分布图

样地1　　　　　　　　样地2

样地3 　　　　　　　　　　　　　　样地4

样地5

(样地编号表示：1.小叶杨纯林地；2.樟子松纯林地；3.柠条纯林地；4.苜蓿草地；5.裸露平坦农地)

图 2.2　张北地区试验样地现场图

表 2.1　张北地区样地基本概况

样地编号	样地名称	经纬度	海拔高度(m)	乔木郁闭度	乔木密度(株/hm²)	乔木林龄(a)	乔木树高(m)	乔木胸径(cm)	乔木冠幅(m)	乔木冠层高(m)
1	小叶杨纯林	114°52′44″E 41°20′37″N	1 390	0.67± 0.13	1 100	8	6.95± 1.04	14.47± 2.31	1.93± 0.61	4.40± 0.95
2	樟子松纯林	114°52′2″E 41°20′4″N	1 410	0.59± 0.11	1 040	10	5.04± 0.42	9.97± 1.23	1.46± 0.33	3.68± 0.52
3	柠条纯林	114°52′2″E 41°20′2″N	1 390							—
4	苜蓿草地	114°52′17″E 41°19′58″N	1 360							
5	裸露平坦农田	114°52′45″E 41°20′28″N	1 380							

续表

样地编号	灌木盖度(%)	灌木密度(株/hm²)	灌木林龄(a)	灌木高度(m)	灌木地径(m)	灌木冠幅(m)	灌木冠层高度(m)	草本盖度(%)	草本高度(cm)
1				—					
2				—					
3	55±3.5	865	10	1.08±0.13	0.008±0.002	0.32±0.085	1.00±0.09	0	0
4				—				48±6	5.47±0.55
5				—					

表 2.2 张北地区样地表层土壤理化性质

样地编号	容重(g/cm³)	含水量(%)	硬度(kg/cm²)	全氮(mg/kg)	总磷(mg/kg)	有效氮(mg/kg)	全钾(%)	有效磷(mg/kg)	速效钾(mg/kg)	有机质(mg/kg)	pH值
1	1.48	0.98	6.72	693	156	281	0.115	4.22	136	12.4	6.77
2	1.32	1.54	2.83	552	369	209	0.245	2.05	103	15.7	6.74
3	1.39	0.53	3.94	1095	218	366	0.202	5.93	246	16.3	7.37
4	1.27	0.66	2.06	622	213	260	0.224	4.00	176	19.2	7.52
5	1.22	0.77	1.54	1047	495	387	0.163	3.59	79	8.1	6.87

样地编号	D50	D90	0~2um(%)	2~20um(%)	20~50um(%)	50~63um(%)	63~100um(%)	100~250um(%)	250~500um(%)	500~1000um(%)	1000~2000um(%)
1	134.60	521.7	1.25	12.63	10.93	3.97	11.60	29.44	19.09	11.01	0.08
2	82.46	294.2	1.94	17.34	17.54	5.47	14.26	29.93	10.38	3.11	0.03
3	85.62	319.6	1.66	15.89	17.81	5.65	14.30	29.64	11.00	4.01	0.04
4	98.90	384.2	1.70	15.60	15.51	4.84	12.70	29.76	14.13	5.72	0.04
5	118.80	421.8	0.96	11.90	12.49	4.35	13.61	34.14	15.47	7.02	0.06

2.3.2 延庆地区试验样地

根据 2017—2018 年在延庆地区的农田样地普查发现,延庆地区农田保护性耕作措施主要有留茬措施、覆盖措施以及留茬覆盖组合措施,本研究选取玉米留茬地、玉米残茬覆盖地、玉米留茬覆盖地以及裸露平坦农田为研究对象,在康庄地区选取并建立4块固定监测样地。土壤类型为砂质壤土。延庆地区试验地位置分布情况如下图2.3,延庆地区试验样地现场状况如图2.4所示,样地的具体信息如表2.3所示,样地的理化性质如表2.4所示。

图 2.3 延庆地区样地位置分布图

样地6	样地7
样地8	样地9

(样地编号表示：6.玉米残茬覆盖地；7.玉米留茬地；8.玉米留茬覆盖地；9.裸露平坦农田)

图 2.4 延庆地区定位监测现场状况

表2.3 延庆地区样地基本概况

样地编号	样地名称	经纬度	海拔高度(m)	留茬胸径(cm)	留茬高度(cm)	残茬盖度(%)
6	玉米残茬覆盖	115°51′59″E 40°24′51″N	456	—		13.38±0.95
7	玉米留茬地	115°51′54″E 40°25′1″N	435	2.23±0.08	23.40±1.55	—
8	玉米留茬覆盖地	115°37′58″E 40°29′21″N	471	2.38±0.10	17.70±3.11	73.43±4.74
9	裸露平坦农田	115°52′3″E 40°24′15″N	470		—	

表2.4 延庆地区样地表层土壤理化性质

样地编号	容重(g/cm³)	含水量(%)	硬度(kg/cm²)	全氮(mg/kg)	总磷(mg/kg)	有效氮(mg/kg)	全钾(%)	有效磷(mg/kg)	速效钾(mg/kg)	有机质(mg/kg)	pH值
6	1.36	2.78	0.67	868	703	261	0.455	16.80	502	15.3	7.39
7	1.19	2.64	1.30	1 157	598	375	0.493	7.26	439	23.0	7.36
8	1.44	2.91	1.70	1 154	349	316	0.488	15.00	407	18.0	7.37
9	1.02	2.32	0.30	1 014	695	335	0.409	11.90	399	26.4	7.42

样地编号	D50	D90	0~2 um(%)	2~20 um(%)	20~50 um(%)	50~63 um(%)	63~100 um(%)	100~250 um(%)	250~500 um(%)	500~1 000 um(%)	1 000~2 000 um(%)
6	47.77	133.9	3.33	25.07	23.27	9.34	19.39	18.79	0.81	0	0
7	36.28	141.1	4.09	33.07	21.76	7.25	14.69	17.25	1.89	0	0
8	34.66	121.7	3.82	31.53	26.85	8.14	14.78	13.76	1.12	0	0
9	42.88	117.4	4.12	27.15	24.56	9.86	19.17	14.96	0.18	0	0

第三章

研究内容、方法与试验设计

3.1 研究内容

本研究依托室内风洞模拟和室外定位监测的研究方法,通过开展不同风速、土壤类型和覆被条件下的土壤风蚀实验,揭示不同覆被条件对土壤风蚀产生过程的影响,并对土壤风蚀过程进行数字模拟,主要研究内容如下。

3.1.1 地表覆被特征

采用样地调查的方法,对张家口张北地区落叶阔叶林、常绿针叶林、灌木等单一植被类型和乔乔混交、乔灌混交类型,行间混交、株间混交、块状混交方式等多种组合植被类型进行调查,获取林龄、密度、胸径、高度、冠层高、冠幅等植被生长指标信息,分析植被的生长特征。采用样地调查和文献资料分析相结合的方法,获取北京延庆地区作物覆盖、作物留茬单一保护性耕作措施和覆盖+留茬组合保护性耕作措施条件下的留茬高度、残茬覆盖率等指标信息,分析该地区保护性耕作措施特征,为开展华北北部典型区域地表覆被对土壤风蚀影响的研究做准备。

3.1.2 土壤风蚀过程特征

采用室内风洞模拟和室外监测实验相结合的方法,实现不同风速大小在不同土壤类型条件及覆被条件下的实验条件组合,分析对应实验条件组合下土壤风蚀的过程,得出不同覆被条件下的风速廓线、空气动力学粗糙度、风沙流结构及土壤风蚀物粒度特征,探究气候、土壤及地表覆被对土壤风蚀的影响,进而对土壤风蚀进行定量化分析。

3.1.3 风蚀优化防控技术模式

在对研究区土壤风蚀排放情况定量化分析的基础上,分别提出研究区范围内土壤风蚀排放的最优防控措施及其优化方案。

3.2 试验设计

3.2.1 样地调查

在文献检索分析的基础上,对研究区具有典型代表性的植被生长情况进行全面踏查,选出具有代表性、原始性、典型性的地段设置标准地。使用罗盘仪来测量角度,用皮尺和测绳来测量距离,用玻璃绳围成正方形标准样地,样地尺寸为 100 m×100 m。在样地中心用 GPS 定位仪记录样地的经纬度、海拔等基础信息(李瑞平等,2017)。用皮尺在标准样地内确定好网格(规格为 10 m×10 m),并对小网格的边界点进行编号(如图 3.1 所示,沿逆时针方向分别标为 A_1、B_1、C_1 和 D_1 四点),然后分别测出每株林木到小网格边界的垂直距离(如树木 E 到小网格边界的垂直距离分别为 EG 和 EH)。分别记录标准地内乔木树种的名称、密度、胸径、冠幅宽度、树高、冠层高度、林龄及郁闭度,灌木树种的名称、盖度、密度、林龄、树高、基径、冠幅及冠层高度,草木的名称、盖度及高度。

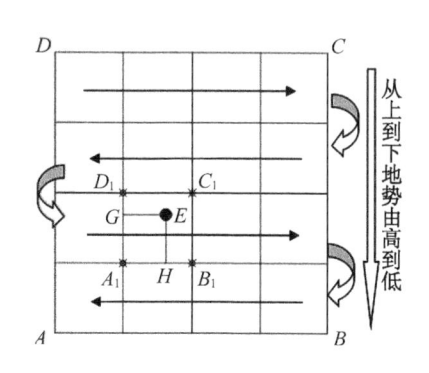

图 3.1 调查路线示意图

在检索近 10 年保护性耕作措施文献的基础上,总结出中国部分地区保护性耕作措施概况,对实施保护性耕作措施的地点、经纬度、名称、具体指标及内容(留茬胸径、高度,残茬覆盖度)进行详细记录。

3.2.2 室外定位监测实验

室外定位监测实验内容主要包括风速测定、风蚀监测,实验期间在室外实验样地上分别布设风速仪、集沙仪等装置,实时记录每天的风速变化、风蚀排放情况等,用于分析植被与保护性耕作对土壤风蚀排放的影响。具体内容如下:

每一块样地面积设置为 100 m×100 m。在风沙运移路径上距样地上风向入口处 10 m、50 m 和 100 m 处分别设置监测点。在每个监测点上布设 3 套 BNSE 集沙仪,在样地中心布设一套小型便携式气象监测系统。集沙仪上集沙盒的安装高度距地表分别为 5 cm、15 cm、50 cm、100 cm 和 200 cm,集沙仪通过尾翼来自动调整风向,集沙口始终朝向主风向。每次监测结束后,将风蚀物用塑料自封袋收集并密封保存,接着带回实验室,在 55℃温度下干燥处理,随后进行称重和粒度特征分析等。监测时间为大风天上午 8 点至第二天上午 8 点。野外样地定位监测装置如图 3.2 所示。

图 3.2　野外样地定位监测装置(BSNE 集沙仪)

3.2.3　室内风洞模拟实验

室内风洞模拟实验内容包括不同土壤类型、风速、覆被措施下的风速廓线、风蚀监测,以及不同高度处的输沙情况。通过分析风速廓线规律和空气动力学粗糙度,研究各因素对土壤风蚀过程的影响机制;通过集沙仪和土箱称重法测定不同实验条件下的风蚀输沙情况,研究土壤类型、风速与覆被措施对土壤风蚀的影响。风洞结构如图 3.3 所示。

具体实验内容如下。

(1) 室内风洞模拟实验是在北京师范大学地表过程与资源生态国家重点实验室的风沙模拟中型风洞中开展的。该风洞是一个直流吹气式风洞,全长约为 34.4 m,包括过渡段、整流段、实验段和扩散段这 4 部分,风速在 1~40 m/s 范围

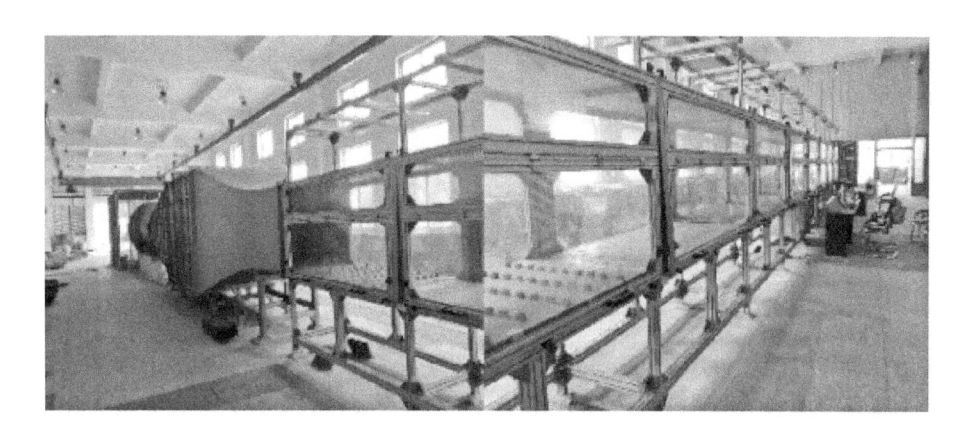

图 3.3　风洞结构示意图

内连续可调（董苗等，2018）。实验段长度约为 16 m，垂直于进风口方向上的风洞截面尺寸为 1 m×1 m。在风洞入口处，通过调节人为粗糙元的位置和布局来设定边界层流动，直至几乎不会对风洞实验段压力造成任何损失，风洞四周对流场的影响也极为微小，从而使得实验段入口处气流场分布能够较好地与室外大气近地表风速廓线特征相符合（赵满全等，2010）。风洞实验段下部是一个已经预留有标准规格大小的实验槽，实验槽下方是一个可以自由移动的传送装置，主要用于传送风蚀实验土样。风速值采用微压计（与皮托管相连接）进行读取并记录。输沙物质选用新型平口集沙仪进行收集，集沙仪有效高度为 30 cm，集沙口规格为 2 cm×2 cm，集沙效率大于 80%。

（2）将各原状土样分别放置于风洞实验槽，在实验段出口处设置集沙仪。每次实验开始前，将装有原状实验用土的土箱置于风洞实验段中部的试样传送装置上，使用传送装置的自动升降系统将土箱送至特定位置，并保持土箱上表面与风洞实验槽上边缘部相齐平。每次吹蚀实验开始时，均以 3 m/s 为基础轴心风速依次以 0.5 m/s 梯度往上调至实验风速，随后保持实验风速恒定不变达 120 s。

（3）观测到的华北北部地区 30 cm 高度处农田临界起沙风速约为 3.5 m/s（王仁德等，2015），最大风速为 19 m/s，因此，本次模拟实验的最小风速设定为 4 m/s，最大风速为 20 m/s。实验风速共设置 5 组，包括 4 m/s、8 m/s、12 m/s、16 m/s 和 20 m/s。根据该区域典型植被及保护性耕作情况，共设置了 14 种不同植被措施（包括一种裸露平坦对照农田措施）及 4 种不同保护性耕作措施（包括一种裸露平坦对照农田措施），每组实验下吹蚀时间均为 5 min。在原状土上方设置皮托管(皮托管与数字压力计相连接),在每次实验中测定距地表不同高度位置上的风速,并绘制近地表风速廓线用于后续分析。

(4) 实验开始前,将风蚀原状土壤样品在电子天平上称重后,放入实验槽内,原状土样表面朝上,土样上风向一侧紧靠实验槽边缘。实验时按照风速从小到大的顺序依次进行,一组实验结束后,将原状土壤样品取出并称重,重复以上步骤,继续开展下一组实验(王仁德等,2012)。根据风蚀实验开始前与结束后原状土壤样品的质量差值,计算各措施类型在不同风速条件下的风蚀情况。在每组实验进行完后,都要对集沙仪中所收集的风蚀物进行称重处理,用于计算输沙率。

(5) 实验相似性保障

① 地表特征相似:本实验中所使用的土样均为原状土壤样品,可以保证与野外地表实际状况的相似性。

② 土壤机械组成相似:本实验中所使用的原状土壤样品都是在室外监测样点附近采集的,可以保证土壤机械组成的相似性。

③ 土壤含水率相似:本研究中所用野外监测样地表层土壤的含水率均在2%以下,在室内开展实验时可以通过晾晒等手段来保证表层土壤含水率的相似性。

④ 风速廓线特征相似:通过在风洞实验段的上风向入口处设置人造粗糙元,通过调节气流的来流廓线,从而保证风速廓线特征的相似性。

⑤ 覆被模型相似性,仿真覆被是以高分子聚合材料、添加抗老化剂加工而成,仿照天然覆被构型,植被措施按照1:100比例缩放,保护性耕作措施采用1:10比例缩放开展实验。该方法已被众多研究者采用(刘虎俊等,2015;沈晓东等,1992)。

风洞中开展的实验如表3.1所示。部分措施配置效果如图3.4所示。

表3.1 风洞实验统计

编号	措施		实验方法
a	单一植被措施	落叶阔叶林 密度:812、712、562、437、375(株/m²) 高度:4、6、9、11、13(cm) 风速:4、8、12、16、20(m/s)	$L_{25}(5^6)$
b		常绿针叶林 密度:933、750、600、467、400(株/m²) 高度:3.5、5.5、7.5、9.5、11(cm) 风速:4、8、12、16、20(m/s)	$L_{25}(5^6)$

续表

编号		措施		实验方法
c	单一植被措施	灌木林	密度：933、833、666、466、400（株/m²） 高度：0.5、1、1.5、2、2.5（cm） 风速：4、8、12、16、20（m/s）	$L_{25}(5^6)$
d		草本	草本盖度：10%、20%、40%、60%、80% 风速：4、8、12、16、20（m/s）	全面实验25
ck		裸露农田	风速：4、8、12、16、20（m/s）	全面实验5
e	组合植被措施	落叶阔叶+ 常绿针叶	密度：812、562、375（株/m²） 高度1：4、9、13（cm） 高度2：3.5、7.5、11（cm） 混交比例：3∶1、2∶1、1∶1 混交方式：株间、行间、块状 风速：4、12、20（m/s）	$L_{27}(3^{13})$
f		落叶阔叶+ 灌木	密度：812、562、375（株/m²） 高度1：4、9、13（cm） 高度2：0.5、1.5、2.5（cm） 混交比例：3∶1、2∶1、1∶1 混交方式：株间、行间、块状 风速：4、12、20（m/s）	$L_{27}(3^{13})$
g		落叶阔叶 +草	密度：812、562、437（株/m²） 高度：4、9、13（cm） 草本盖度：10%、40%、80% 风速：4、12、20（m/s）	$L_{27}(3^{13})$
h		常绿针叶+ 落叶阔叶	密度：933、600、400（株/m²） 高度1：3.5、7.5、11（cm） 高度2：4、9、13（cm） 混交比例：3∶1、2∶1、1∶1 混交方式：株间、行间、块状 风速：4、12、20（m/s）	$L_{27}(3^{13})$
i		常绿针叶+ 灌木	密度：933、600、400（株/m²） 高度1：3.5、7.5、11（cm） 高度2：0.5、1.5、2.5（cm） 混交比例：3∶1、2∶1、1∶1 混交方式：株间、行间、块状 风速：4、12、20（m/s）	$L_{27}(3^{13})$
j		常绿针叶 +草	密度：933、600、400（株/m²） 高度：3.5、7.5、11（cm） 草本盖度：10%、40%、80% 风速：4、12、20（m/s）	$L_{27}(3^{13})$

续表

编号		措施		实验方法
k	组合植被措施	灌木＋草	密度：933、666、400(株/m²) 高度：0.5、1.5、2.5(cm) 草本盖度：10%、40%、80% 风速：4、12、20(m/s)	$L_{27}(3^{13})$
l	组合植被措施	落叶阔叶＋灌木＋草	密度：812、562、375(株/m²) 高度1：4、9、13(cm) 高度2：0.5、1.5、2.5(cm) 草本盖度：10%、40%、80% 混交比例：3:1、2:1、1:1 混交方式：株间、行间、块状 风速：4、12、20(m/s)	$L_{27}(3^{13})$
m	组合植被措施	常绿针叶＋灌木＋草	密度：933、600、400(株/m²) 高度1：3.5、7.5、11(cm) 高度2：0.5、1.5、2.5(cm) 草本盖度：10%、40%、80% 混交比例：3:1、2:1、1:1 混交方式：株间、行间、块状 风速：4、12、20(m/s)	$L_{27}(3^{13})$
A	单一保护性耕作措施	覆盖	草本盖度：10%、20%、40%、60%、80% 风速：4、8、12、16、20(m/s)	$L_{25}(5^6)$
B	单一保护性耕作措施	留茬	密度：2500、1250、875、625、500(株/m²) 高度：1、1.5、2、2.5、3(cm) 风速：4、8、12、16、20(m/s)	$L_{25}(5^6)$
CK		裸露农田	风速：4、8、12、16、20(m/s)	全面实验5
C	组合保护性耕作措施	留茬＋残茬	密度：2500、1250、875、625、500(株/m²) 高度：1、1.5、2、2.5、3(cm) 草本盖度：10%、20%、40%、60%、80% 风速：4、8、12、16、20(m/s)	$L_{25}(5^6)$

(1)　　　　　　　　　　　(2)

[(1)落叶阔叶措施;(2)常绿针叶措施;(3)灌木措施;(4)株间混交方式;(5)行间混交方式;(6)块状混交方式]

图 3.4 措施配置效果图

3.3 研究方法

3.3.1 样地基本信息测定及样品采集

(1) 乔木调查:对乔木树种的名称、胸径、树高、枝下高、冠层高、冠幅宽、株数以及林龄等进行调查。

(2) 胸径的量测:对距地表 1.3 m 高度处的树木直径用胸径尺进行量测,精度为 0.1 cm。

(3) 冠幅宽度的量测:使用皮尺对树木冠层的垂直投影面积进行东西和南北两个方向上的测量。

(4) 树高和枝下高的量测：利用测距仪对树木高度进行量测，枝下高用标杆进行量测。

(5) 林龄量测：选 3～5 株林木用生长锥量测并取其平均值。

(6) 灌木调查：调查内容为灌木的种类、高度和地径等；在标准样地范围内随机选取 30 个小样方进行量测，小样方规格为 4 m×4 m 大小；用标杆对高度进行量测，用钢卷尺对地径进行量测。

(7) 草本调查：在标准样地范围内随机选取 30 个小样方进行量测，小样方规格为 2 m×2 m 大小；调查内容为草本的种类、高度、盖度等。

(8) 农田地表覆盖调查：在标准地内随机选取 20～25 个小样方进行量测，小样方规格为 1 m×1 m 大小，并测定作物留茬的高度、直径及留茬密度，秸秆覆盖度等，具体方法参见上述灌木和草本调查部分。

(9) 表层土壤取样：在标准地内随机选取 10～15 个小样方，用小土铲将表层 0～10 cm 范围内的土壤取样后装入已编号的自封袋，每个样方取土 1 kg 左右，用于后续对土壤理化指标的测定；同时在每个小样方内用环刀和铝盒分别取表层土各 3 个，主要用于对土壤容重和含水率进行测定。

(10) 原状土壤样品获取：在不扰动样地土壤结构的情况下，在每块实验样地中用特制木箱（长度为 80 cm，宽度为 30 cm，高度为 20 cm）装载没有扰动的原状土样各三箱；取原状土时，需先将木箱纵向嵌入土中直至木箱上边缘与土壤表层平齐，再用小平铲将木箱周围的土取出，接着用小平铲将土柱下部与木箱下边缘接触平面的土削平，最后将木箱缓缓取出，箱中保留的土样即为原状土壤样品。

3.3.2 气象要素监测

在样地中央布设小型自动气象监测站，用于实时记录样地范围内的风速、风向、温度、降水、气压以及太阳辐射等气象因子。

3.3.3 土壤要素测定

(1) 表层土壤粒度测定：采用旋筛法测定。

(2) 风蚀物粒度特征测定：采用 Mastersizer3000 测定。

(3) 土壤容重：利用环刀进行取样。将其置于 105℃下烘干至恒重，h 为环刀高度，r 为环刀内径，G_1 为铝盒与干土的总质量，G_0 为铝盒质量。土壤容重（ρ）

计算公式如下：

$$\rho = (G_1 - G_0)/(\pi \times r^2 \times h) \tag{3-1}$$

（4）土壤含水率：采用铝盒进行取样。M 为铝盒和湿土的总质量，105℃下烘干至恒重，M_s 为干燥土壤样品的质量。土壤含水率(W)计算公式如下：

$$W = (M - M_s)/M_s \times 100\% \tag{3-2}$$

（5）土壤有机质：采用重铬酸钾容量法。首先在油浴锅中将土壤有机质用重铬酸钾—硫酸溶液氧化，接着用硫酸亚铁溶液进行中和滴定，最后通过消耗的重铬酸钾质量来计算土壤中有机质的含量。

（6）土壤碳酸钙含量：采用 CO_2 气量法。土壤样品中的 $CaCO_3$ 与 HCl 作用，测得生成的 CO_2 的体积，根据当时的气压和温度便可以算出土壤样品中 $CaCO_3$ 的含量。

（7）土壤硬度：采用 TYD-1 型土壤硬度计测定土壤硬度，在每块样地中随机选取三个点进行测定，并取平均值。

3.3.4 地表粗糙度要素测定

Ali Saleh 等(1995)在总结前人研究的基础上提出一种采用滚轴链条来测定地表粗糙度的方法，本研究也拟采用这种方法来计算地表粗糙度。具体测定方法为：将一长度为 L_1 的链条平放于地表时，受地表微地形影响，其长度将变化为 L_2，L_1 与 L_2 的差值和地表粗糙程度密切相关(巩国丽，2014)。地表粗糙度(C_r)计算公式如下：

$$C_r = \left(1 - \frac{L_2}{L_1}\right) \times 100\% \tag{3-3}$$

3.3.5 风蚀监测

风蚀量：BSNE 集沙仪法。

首先，在距离进入边 10 m、50 m 和 100 m 处各均匀布设多个集沙仪，通过保证进风口与试验样地的地表面平齐，使得整个进风口处于水平方向。

其次，假设某大风事件从 t_1 时刻开始，到 t_2 时刻结束，大风事件持续时长为

Δt，每个进风口的面积为 S_i，每个集沙盒中的沙粒重为 W_i，进风口的数量为 n 个，则每次大风后收集每个集沙仪处不同高度集沙盒中的沙量。

最后，根据进入监测样地的输沙量和从监测样地出去的输沙量计算风蚀量。假定进入边各集沙仪的单位断面输沙量为 W_j，离开边各集沙仪的单位断面输沙量为 W_k，进入边集沙仪的个数为 n，离开边集沙仪的个数为 m，监测样地的边长为 B，面积为 S，每个集沙仪的高度为 H，则风蚀量 Q' 和风蚀率 E 的计算公式分别如下：

$$Q' = (\sum_{k=1}^{m} W_k/m - \sum_{j=1}^{n} W_j/n) \times H \times B \tag{3-4}$$

$$E = \frac{Q'}{S \times \Delta t} \tag{3-5}$$

3.3.6 数据处理与分析方法

在本研究中，采用 Microsoft Excel 2018 进行原始数据的保存与处理，不同风速、土壤及植被条件下风蚀排放的差异性分析基于 IBM SPSS Statistic 25.0 数据分析软件，MATLAB R2012a（MathWorks Corp，USA）用于回归分析，OriginPro2017（OriginLab Corp，USA）用于绘制实验结果图。

第四章

地表覆被特征与试验处理

植被覆盖与保护性耕作措施可以通过多种途径对地面表层土壤形成保护，从而减少土壤风蚀。它不仅可以通过增加地表粗糙度来减小气流的侵蚀力，而且可以通过植被对土壤的保护作用来增加土壤的相对水分含量；此外，植被根系、枯落物及作物残茬等既可以增加土壤中的有机质含量，也可以明显改善土壤孔隙状况，从而提高了土壤本身的抗侵蚀能力，最终达到减轻风蚀灾害的目的（王云超，2006；王翔宇，2010）。现在为多数学者所认可的结论是风蚀率随着植被盖度的增加呈指数减少。在风蚀沙化较严重地区采取植被覆盖和保护性耕作措施，可以通过覆盖部分地表面、分解风力及阻挡输沙等形成对土壤表层的保护作用。众多研究表明，土壤风蚀率与植被盖度呈负相关关系，但植被的特征如密度、高度、宽度、形状以及空间排列方式之间的差异都会对土壤的风蚀排放情况产生不同的影响。植被覆盖与保护性耕作措施作为防治风蚀排放的有效措施，人们对此已形成比较一致的认识。为了探究华北北部典型区域植被与保护性耕作对土壤风蚀排放情况的影响，首先需要掌握该区域内的植被及保护性耕作措施特征。在对华北北部典型区域开展样地调查及林分每木检尺等研究的基础上，其主要植被与主要保护性耕作措施特征分析如下。

4.1 植被生长特征

4.1.1 单一植被生长特征

(1) 落叶阔叶林生长特征

从表4.1可以看出，华北北部落叶阔叶林以小叶杨为主，林分密度范围为138~1138株/hm^2，平均林分密度为558株/hm^2。其中，林分密度为500~700株/hm^{2}的占比最大，为37%；其次是400~500株/hm^2，占31.43%；林分密度大于 700 株/hm² 的占 17.14%;而 0~400 株/hm² 的占比最小,为 14.29%。在随机调查的 35 个落叶阔叶防护林中,平均年龄为 18 a,平均胸径为 32.26 cm,平均树高为 9.05 m,平均冠层高度为 5.49 m,平均冠幅为 4.48 m。

小叶杨林龄与树高、胸径、冠幅、冠层高度呈显著正相关($P<0.05$),对小叶杨林龄与树高、胸径、冠幅以及冠层高度之间分别建立拟合关系(图 4.1),最优拟合关系分别如下:林龄与树高,$y=5.4305e^{0.0262x}$,$R^2=0.7019$,$P<0.05$;林龄与胸径,$y=5.3035x^{0.6342}$,$R^2=0.8983$,$P<0.05$;林龄与冠幅,$y=0.1958x+0.965$,$R^2=0.6756$,$P<0.05$;林龄与冠层高度,$y=1.3667x^{0.4884}$,$R^2=0.7451$,$P<0.05$。

表 4.1 华北北部落叶阔叶防护林(小叶杨)的生长状况

编号	经度	纬度	海拔(m)	林龄(a)	密度(株/hm²)	胸径(cm)	树高(m)	冠层高度(m)	冠幅(m)
1	114°52′26″E	41°20′17″N	1 150	30	463	38.76	12.52	7.35	2.27
2	114°52′15″E	41°20′23″N	1 148	10	813	24.18	8.58	5.37	2.11
3	114°52′17″E	41°20′23″N	1 157	14	638	34.32	10.46	5.36	3.35
4	114°29′44″E	41°27′55″N	1 157	7	613	16.54	6.32	3.28	2.45
5	114°21′20″E	41°22′35″N	1 115	25	463	43.28	13.65	9.01	4.89
6	114°29′19″E	41°27′57″N	1 340	4	613	10.74	4.88	2.22	2.63
7	114°29′23″E	41°27′55″N	1 380	15	513	21.42	7.38	4.27	4.71
8	114°28′58″E	41°27′40″N	1 380	15	650	29.60	6.08	3.70	5.15
9	114°28′56″E	41°27′42″N	1 370	27	513	43.78	9.25	7.70	6.40
10	114°17′50″E	41°23′57″N	1 400	23	425	41.66	8.57	5.61	6.78
11	114°17′51″E	41°23′41″N	1 440	19	138	36.10	8.12	3.97	5.80
12	114°22′49″E	41°24′35″N	1 350	17	500	39.14	7.02	4.67	5.48
13	114°18′14″E	41°23′35″N	1 410	16	1 138	28.10	8.70	4.92	5.47
14	114°34′38″E	41°18′37″N	1 360	6	950	16.20	5.73	3.66	3.52
15	114°37′10″E	41°7′25″N	1 430	30	438	58.26	13.59	8.02	8.35
16	114°32′4″E	41°26′30″N	1 370	25	938	42.50	12.13	7.21	6.19
17	114°32′6″E	41°26′34″N	1 370	27	450	37.64	9.51	5.18	6.45
18	114°31′24″E	41°26′20″N	1 370	29	425	36.34	10.14	6.58	6.55

续表

编号	经度	纬度	海拔(m)	林龄(a)	密度(株/hm²)	胸径(cm)	树高(m)	冠层高度(m)	冠幅(m)
19	114°31′25″E	41°26′19″N	1 370	28	475	38.34	9.85	5.03	7.36
20	114°24′56″E	41°13′36″N	1 390	26	400	40.20	10.08	6.00	6.65
21	114°25′01″E	41°13′42″N	1 390	30	350	46.06	12.02	7.64	7.30
22	114°24′44″E	41°6′41″N	1 420	31	500	43.34	14.46	9.06	6.96
23	114°24′45″E	41°6′43″N	1 420	26	450	37.34	11.13	6.45	7.19
24	114°24′35″E	41°6′55″N	1 450	30	700	51.20	13.41	9.32	7.73
25	116°28′45″E	41°21′37″N	876	23	288	41.20	7.85	6.41	3.39
26	116°28′44″E	41°21′35″N	885	20	388	42.18	10.89	6.91	2.94
27	116°28′50″E	41°21′53″N	875	11	588	24.86	7.74	4.79	2.14
28	116°28′53″E	41°21′56″N	829	9	600	20.92	7.12	4.36	2.40
29	116°28′53″E	41°21′57″N	873	8	713	18.14	6.58	3.74	2.37
30	116°28′55″E	41°21′57″N	871	7	475	16.68	6.15	3.29	2.68
31	116°28′45″E	41°21′53″N	881	8	763	24.66	8.82	4.29	2.06
32	116°28′43″E	41°21′58″N	876	8	613	22.20	8.23	3.52	1.93
33	116°28′39″E	41°22′1″N	875	7	438	17.78	5.74	3.71	1.86
34	116°28′35″E	41°22′21″N	892	12	650	26.94	6.95	5.72	2.03
35	116°28′36″E	41°22′31″N	888	6	463	18.42	7.00	3.69	1.41

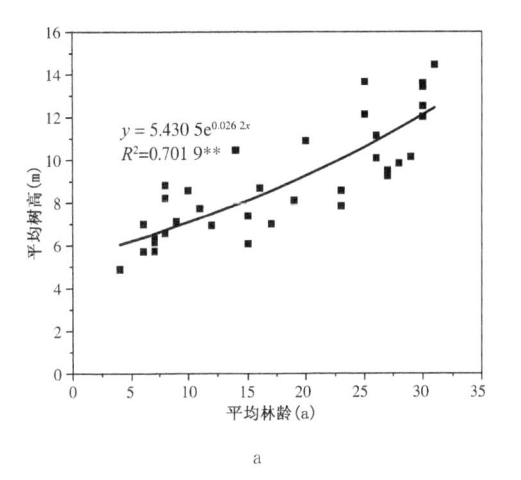

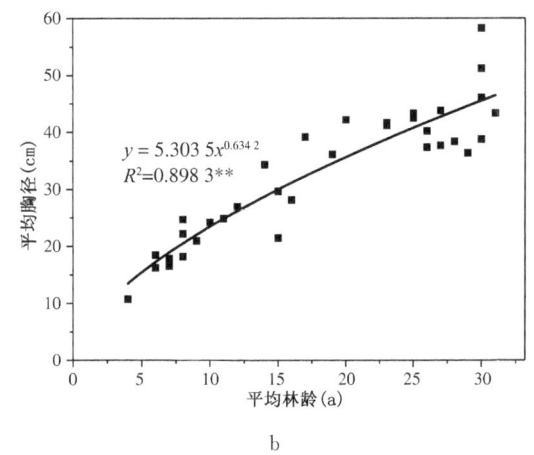

a: $y = 5.4305e^{0.0262x}$, $R^2 = 0.7019^{**}$

b: $y = 5.3035x^{0.6342}$, $R^2 = 0.8983^{**}$

c　　　　　　　　　　　　　　d

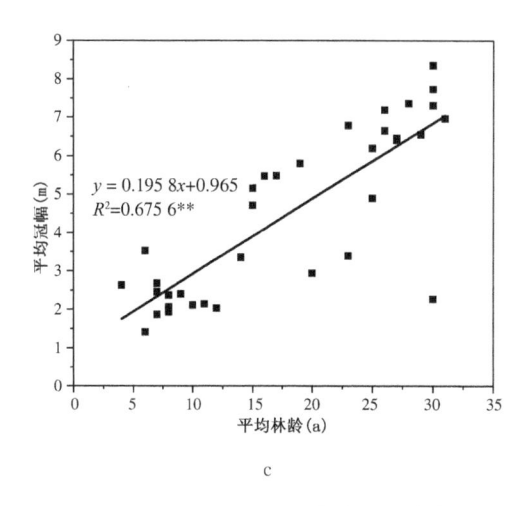

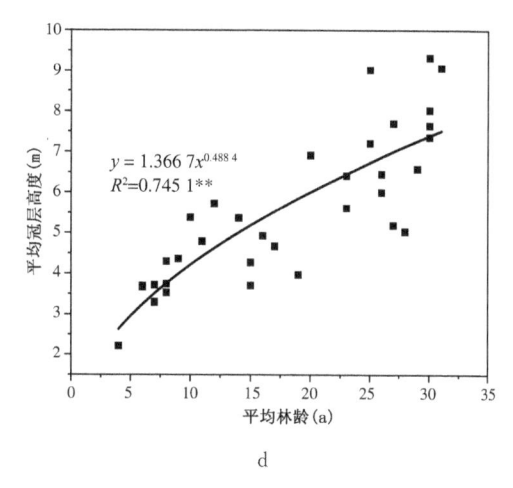

（a、b、c 和 d 分别是小叶杨树高、胸径、冠幅和冠层高度随林龄的变化情况）

图 4.1　不同林龄落叶阔叶防护林（小叶杨）的生长特征

（2）常绿针叶林生长特征

从表 4.2 可以看出，华北北部常绿针叶防护林以樟子松为主，林分密度范围为 250～1 700 株/hm²，平均林分密度为 744 株/hm²。其中，林分密度大于 700 株/hm² 的占比最大，为 37.5%；其次是 500～700 株/hm² 和 0～400 株/hm²，分别占 25%；而 400～500 株/hm² 的林分占比最小，为 12.5%。在随机调查的 8 个常绿针叶防护林中，平均林龄为 15 a，平均胸径为 24.45 cm，平均树高为 7.33 m，平均冠层高度为 5.43 m，平均冠幅为 1.89 m。

表 4.2　华北北部常绿针叶防护林（樟子松）的生长状况

编号	经度	纬度	海拔(m)	林龄(a)	密度(株/hm²)	胸径(cm)	树高(m)	冠层高度(m)	冠幅(m)
1	114°52′16″E	41°20′13″N	1 158	18	775	33.74	8.20	5.19	2.16
2	115°22′48″E	41°15′2″N	1 920	9	825	17.71	4.45	5.92	1.89
3	115°22′52″E	41°15′1″N	1 880	31	763	40.43	12.86	9.15	2.92
4	115°24′27″E	41°14′36″N	1 810	25	813	32.46	11.98	6.35	1.67
5	115°22′7″E	41°17′25″N	1 610	15	250	28.01	9.71	7.49	2.17
6	115°18′22″E	41°20′39″N	1 510	10	1 700	16.17	4.70	4.56	1.50
7	116°28′43″E	41°21′36″N	875	4	350	10.08	2.89	2.13	1.21
8	116°28′49″E	41°21′43″N	873	6	475	17.01	3.87	2.63	1.63

樟子松林龄与树高、胸径、冠幅、冠层高度呈显著正相关(P<0.05)，对樟子松林龄与树高、胸径、冠幅以及冠层高度之间分别建立拟合关系(图4.2)，最优拟合关系分别是如下：林龄与树高，$y=0.9176x^{0.7806}$，$R^2=0.9458$，$P<0.05$；林龄与胸径，$y=-0.0246x^2+1.9206x+3.4173$，$R=0.9297$，$P<0.05$；林龄与冠幅，$y=0.8667x^{0.3009}$，$R^2=0.618$，$P<0.05$；林龄与冠层高度，$y=1.0059x^{0.6372}$，$R^2=0.7986$，$P<0.05$。

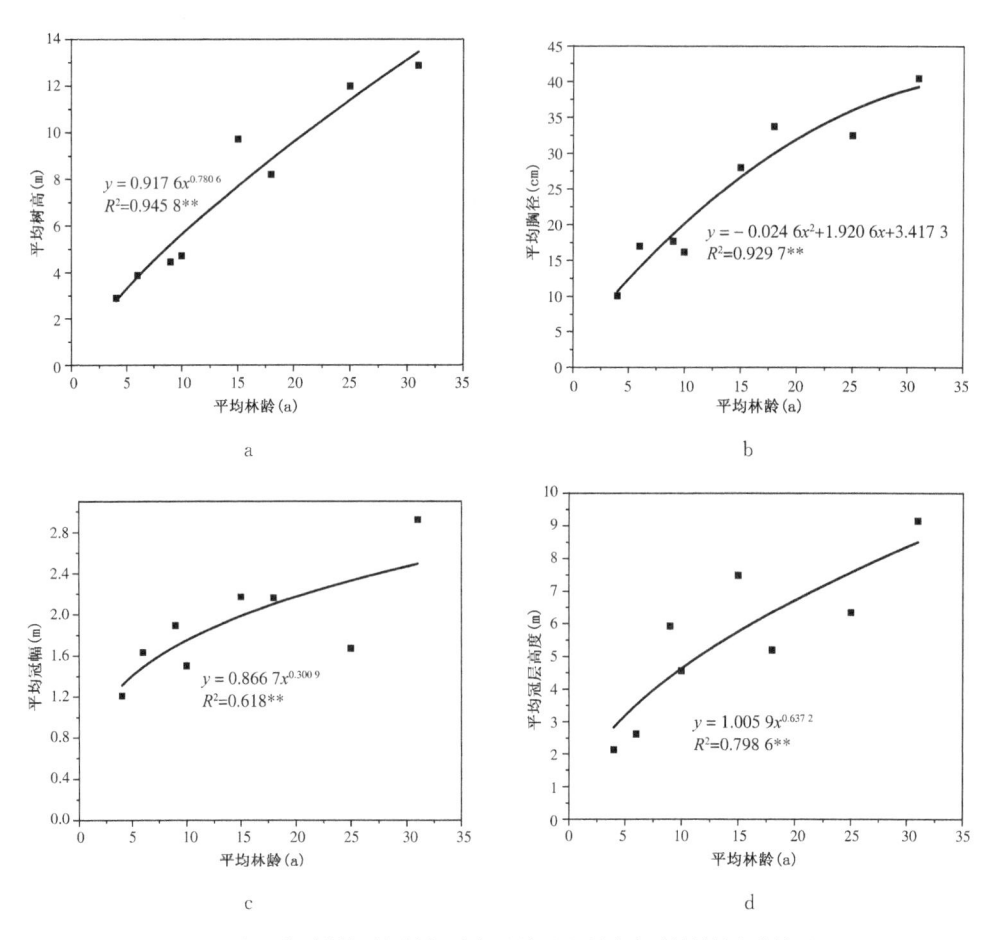

(a、b、c和d分别是樟子松树高、胸径、冠幅和冠层高度随林龄的变化情况)

图4.2 不同林龄常绿针叶防护林(樟子松)的生长特征

(3) 灌木生长特征

从表4.3可以看出，华北北部灌木林以柠条为主，林分密度范围为330~960株/hm²，平均林分密度为654株/hm²。其中，林分密度大于700株/hm²的占比最大,为 44%;其次是 500~700 株/hm², 占 33%;而林分密度为 0~400 株/hm² 和 400~500 株/hm² 的占比最小,各占约 11%。在随机调查的 9 个灌木防护林中,平均林龄为 16 a,平均地径为 1.22 cm,平均树高为 1.47 m,平均冠层高度为 1.47 m,平均冠幅为 1.75 m。

表 4.3　华北北部灌木防护林(柠条)的生长状况

编号	经度	纬度	海拔(m)	密度(株/hm²)	林龄(a)	地径(cm)	树高(m)	冠层高度(m)	冠幅(m)
1	114°17′45″E	41°23′55″N	1 400	440	4	0.55	0.41	0.41	0.33
2	114°24′59″E	41°6′3″N	1 430	520	9	0.82	1.07	1.07	1.32
3	114°24′39″E	41°6′18″N	1 450	835	10	0.73	1.16	1.16	1.37
4	114°52′5″E	41°10′41″N	1 429	960	24	2.28	2.36	2.36	3.35
5	115°7′28″E	41°20′41″N	1 430	330	31	1.91	2.53	2.53	3.33
6	114°42′38″E	41°4′32″N	1 430	710	18	0.91	2.05	2.05	1.65
7	114°52′6″E	41°10′42″N	1 429	700	8	1.09	0.92	0.92	0.82
8	115°7′28″E	41°20′41″N	1 430	850	21	1.91	2.05	2.05	2.74
9	114°42′39″E	41°4′32″N	1 430	540	15	0.82	0.72	0.72	0.88

柠条林年龄与树高、地径、冠幅呈显著正相关($P<0.05$),对柠条林龄与树高、地径以及冠幅之间分别建立拟合关系(图 4.3),最优拟合关系分别是如下:林龄与树高,$y = -0.000\,8x^2 + 0.108\,8x + 0.028\,9$,$R^2 = 0.840\,1$,$P<0.05$;林龄与地径,$y = 0.512e^{0.048\,8x}$,$R^2 = 0.722\,1$,$P<0.05$;林龄与冠幅,$y = 0.086\,3x^{1.081\,9}$,$R^2 = 0.846$,$P<0.05$。

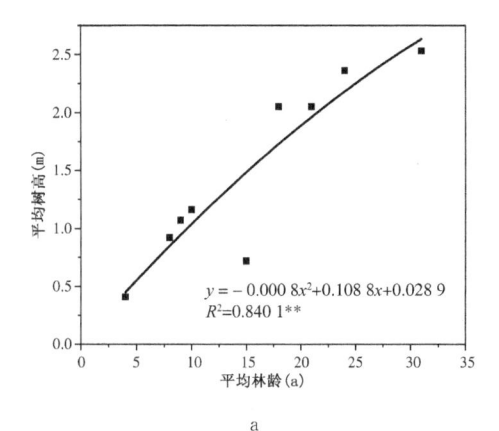

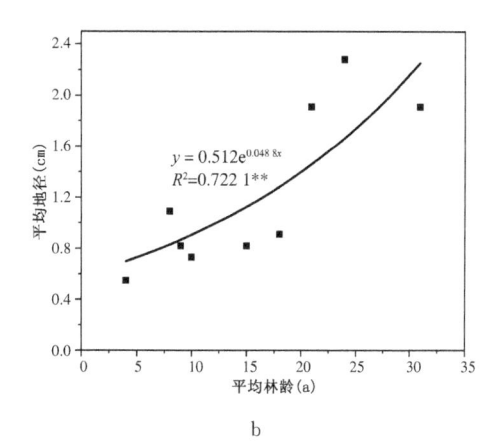

a

b

$$y = 0.086\,3x^{1.081\,9}$$
$$R^2 = 0.846^{**}$$

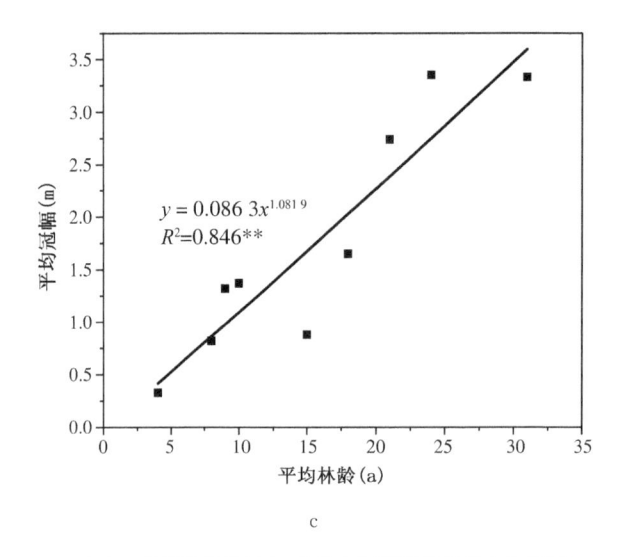

c

（a、b 和 c 分别是柠条树高、地径和冠幅随林龄的变化情况）

图 4.3　不同林龄灌木防护林（柠条）的生长特征

4.1.2　组合植被生长特征

从表 4.4 可以看出，华北北部混交林类型以乔乔混交为主，乔灌混交为辅。即落叶阔叶与常绿针叶混交占多数，落叶阔叶或常绿针叶与灌木混交占少部分。混交方式有行间混交（50%）、株间混交（31%）、块状混交（19%）。混交比例中，混交比为 1∶1 的混交林约占全部混交林的 44%；混交比为 3∶1 的约占 38%；混交比为 2∶1 的所占比重最小，约为 19%。混交树种主要有落叶阔叶林（小叶杨）、常绿针叶林（樟子松）以及灌木（柠条）。混交林密度范围为 500～1 500 株/hm²，平均密度为 855 株/hm²。混交林中，小叶杨的平均年龄为 16 a，平均胸径为 29.69 cm，平均树高为 8.28 m，平均冠幅为 3.64 m，平均冠层高度为 4.76 m；樟子松的平均年龄为 12 a，平均胸径为 20.90 cm，平均树高为 4.95 m，平均冠幅为 2.80 m，平均冠层高度为 3.58 m；柠条的平均年龄为 14 年，平均地径为 1.03 cm，平均树高为 1.50 m，平均冠幅为 1.51 m，平均冠层高度为 1.50 m。

表 4.4　华北北部混交林的生长状况

编号	经度	纬度	海拔(m)	混交方式	林分密度(株/hm²)	混交比例	树种名称	林龄(a)	胸(地)径(cm)	树高(m)	冠幅(m)	冠层高度(m)
1	114°29′52″E	41°27′58″N	1 390	株间混交	1 375	3:1	小叶杨	9	21.57	6.05	2.65	3.57
							柠条	9	0.79	0.94	0.93	0.94
2	114°22′51″E	41°24′35″N	1 340	行间混交	825	1:1	小叶杨	20	35.29	8.55	4.31	5.50
							樟子松	17	24.56	6.05	3.40	4.20
3	114°37′5″E	41°7′24″N	1 390	株间混交	850	2:1	小叶杨	31	45.34	12.38	5.98	7.64
							樟子松	2	14.80	3.17	1.83	2.03
4	114°31′25″E	41°26′19″N	1 370	行间混交	630	1:1	小叶杨	32	46.25	15.03	6.13	8.28
							樟子松	27	28.37	8.45	4.71	6.97
5	114°33′11″E	41°11′5″N	1 350	块状混交	1 300	3:1	小叶杨	29	43.51	10.55	5.68	7.49
							柠条	19	1.29	2.05	2.09	2.05
6	114°27′32″E	41°25′13″N	1 387	块状混交	750	1:1	小叶杨	10	34.42	4.14	2.80	3.64
							柠条	14	1.01	1.51	1.50	1.51
7	114°30′21″E	41°27′17″N	1 390	行间混交	1 500	2:1	樟子松	15	22.49	5.57	3.14	4.46
							小叶杨	15	36.44	8.67	3.55	4.49
8	114°28′33″E	41°23′50″N	1 365	行间混交	900	1:1	樟子松	18	24.62	6.29	3.53	4.69
							小叶杨	18	39.79	10.15	4.01	5.04
9	116°28′24″E	41°21′34″N	890	株间混交	625	1:1	小叶杨	10	12.09	3.70	2.80	3.79
							樟子松	11	20.96	4.61	2.62	3.12
10	116°28′28″E	41°21′33″N	762	株间混交	575	3:1	小叶杨	7	15.36	5.45	2.34	3.00
							樟子松	7	18.92	3.65	2.09	2.35
11	116°28′40″E	41°21′35″N	763	行间混交	525	1:1	樟子松	7	17.39	3.65	2.02	2.57
							小叶杨	8	21.86	6.80	2.49	3.11
12	116°28′49″E	41°21′43″N	871	行间混交	1 180	3:1	小叶杨	17	27.79	9.92	3.86	5.22
							樟子松	14	21.25	5.33	3.01	3.90
13	116°28′47″E	41°21′59″N	869	株间混交	500	2:1	小叶杨	10	26.56	8.93	2.65	3.53
							樟子松	9	18.83	4.13	2.36	2.88
14	116°28′39″E	41°22′16″N	867	行间混交	525	1:1	樟子松	13	21.40	5.09	2.88	3.50
							小叶杨	13	28.37	8.54	3.25	4.45
15	116°28′31″E	41°22′34″N	906	块状混交	725	3:1	樟子松	11	20.96	4.61	2.62	3.23
							小叶杨	12	19.58	6.52	3.10	4.02

4.2 保护性耕作措施特征

4.2.1 单一保护性耕作措施特征

从表4.5可以看出,我国有覆被措施的单一保护性耕作措施主要有两类,即覆盖措施和留茬措施。综合分析可知,在农业实践中,一般是将5~10 cm高度的茬平铺于地表,在少数地方,也有选择将25 cm高度的茬覆于地表。衡量残茬覆盖的量化指标,主要有两种,即单位面积上茬的重量和单位面积上茬的覆盖度。

对于留茬措施,在我国农业实践中,留茬高度范围为3~50 cm,一般而言,茬高小于10 cm称为低茬,茬高大于30 cm,称为高茬。留茬密度视作物种植密度而定。

表4.5 中国部分地区有覆被措施的单一保护性耕作措施概况

地点	经度	纬度	保护性耕作措施名称	具体指标及内容	参考文献
甘肃省河西走廊东端	103°5′E	37°30′N	覆盖	5 cm长度小麦秸秆覆于地表	于爱忠,黄高宝,2008
河南省兰考县	115°13′13″E	34°52′22″N	留茬	20 cm、35 cm、50 cm 高度留茬	郝阳毅等,2020
内蒙古清水河县	111°39′E	39°57′N	留茬	小麦留3~5 cm低茬,留20~30 cm高茬	孙建等,2009
山东省济宁市	115°54′E	34°25′N	留茬	小麦地留高茬30 cm,留低茬5 cm	吴崇海等,1996
河北省丰宁满族自治县	114°16′E	41°44′N	留茬	无芒雀麦、杂花苜蓿留茬高度3 cm、5 cm和7 cm	韩建国,王堃,2000
青海省西宁市	101°77′E	36°62′N	覆盖	小谷物覆盖量约需3 360~6 720 kg/hm²	沈裕琥等,1998
黑龙江省牡丹江市	129°58′E	44°60′N	覆盖	小于10 cm长度玉米秸秆平铺于地表	李玉梅等,2019
吉林省乾安县	124°1′39″E	45°0′39″N	留茬	秋季收获后,要在田间预留0.4 m左右的玉米茬	刘玉新,2019

续表

地点	经度	纬度	保护性耕作措施名称	具体指标及内容	参考文献
甘肃省武威市	102°64′E	37°96′N	覆盖	收获玉米后 25 cm 秸秆覆盖	杨彩红等,2019
吉林省公主岭市	125°01′E	43°45′N	留茬	玉米收割后,留高茬约 45 cm	郑洪兵等,2018
甘肃省酒泉市	98°31′12″E	39°45′15″N	留茬	小麦在收获后留茬 30 cm	严长庚等,2019
北京市延庆区	115°44′E	40°16′N	留茬	玉米留茬,平均株高 23 cm	实地调查
北京市延庆区	115°44′E	40°16′N	覆盖	地表玉米秸秆和残茬覆盖,覆盖度为 17.3%	实地调查

4.2.2 组合保护性耕作措施特征

从表 4.6 可以看出,在我国有覆被措施的组合保护性耕作措施以"覆盖+留茬"的形式出现,在留茬覆盖组合措施中,一般是将高度较高的茬直立于地表(茬高一般为 15 cm 以上),将高度较低的茬覆盖于地表(茬高小于 5 cm),且残茬覆盖度控制在 30% 左右。残茬高度及残茬覆盖度与种植作物种类有关,玉米留茬高度为 30~40 cm,残茬覆盖度为 25% 左右;小麦留茬高度 18~20 cm,残茬覆盖度在 30% 以上;杂粮作物留茬高度 15 cm 以上,残茬覆盖度在 20% 以上。

表 4.6 中国部分地区有覆被措施的组合保护性耕作措施概况

地点	经度	纬度	保护性耕作措施名称	具体指标及内容	参考文献
北京市顺义区	116°29′E	40°23′N	留茬+覆盖	小于 10 cm 长度玉米秸秆;留茬高度小于 5 cm,覆盖在地表	梁金凤等,2016
北京市延庆区	115°44′E	40°16′N	留茬+覆盖	玉米留茬高度为 30~40 cm,残茬覆盖度为 25% 左右;小麦留茬高度 18~20 cm,残茬覆盖度在 30% 以上;杂粮作物留茬高度 15 cm 以上,残茬覆盖度在 20% 以上	路战远等,2019

续表

地点	经度	纬度	保护性耕作措施名称	具体指标及内容	参考文献
辽宁省北票市	120°46′49″E	42°08′1″N	留茬+覆盖	玉米秸秆留茬高度20~30 cm，作高留茬处理。将秸秆粉碎还田，粉碎后长度不大于10 cm	张贵武，2019
甘肃省民勤县	103°51′E	38°38′N	留茬+覆盖	将秸秆切成5 cm长度覆盖，留茬高度20 cm	李银科等，2019
吉林省农安县	124°40′38″E	44°30′31″N	留茬+覆盖	秸秆覆盖量可控制在30%左右，适当高留茬，留茬高度在25~30 cm即可	王伟，2018
北京市延庆区	115°44′E	40°16′N	留茬+覆盖	15 cm玉米茬高，行距50 cm，株距平均35 cm；玉米茬覆盖度为52%、37%、49%	冯晓静，2007
北京市顺义区	116°29′E	40°23′N	留茬+覆盖	玉米留茬，株行距20 cm×60 cm，留茬均高10 cm；残茬覆盖度为21.3%	实地调查
北京市延庆区	115°44′E	40°16′N	留茬+覆盖	玉米留茬，留茬平均株高18 cm；残茬覆盖度为73.4%	实地调查

4.3 风洞模拟试验地表处理特征

4.3.1 植被措施处理特征

（1）单一植被覆盖的风洞模拟植被覆盖特征

基于表4.1至表4.3中的数据，本书将开展单一植被覆盖时土壤风蚀过程研究。在开展室内风洞控制实验时，根据图4.1至图4.3建立的最优拟合关系，分别选取5a、10a、15a、20a和30a的植被生长特征指标，以及造林技术规程中说明的造林株行距等参数，按照1∶100比例缩放，单一植被措施下的风洞模拟植被覆盖特征指标统计详见表4.7至表4.9。

表 4.7 落叶阔叶措施下风洞模拟植被覆盖特征指标

措施名称	树高(cm)	冠幅(cm)	胸径(mm)	冠层高度(cm)	密度(株/m²)
a	4	2	1.88	2.4	812
	6	3	2.9	3.6	712
	9	4	3.1	5.4	562
	11	5.5	3.62	6.6	437
	13	6	4.32	7.8	375

表 4.8 常绿针叶措施下风洞模拟植被覆盖特征指标

措施名称	树高(cm)	冠幅(cm)	胸径(mm)	冠层高度(cm)	密度(株/m²)
b	3.5	1	1.78	2	933
	5.5	1.7	1.88	4.5	750
	7.5	2.2	2.5	6.5	600
	9.5	2.5	2.9	7.5	467
	11	3.2	3.06	9	400

表 4.9 灌木措施下风洞模拟植被覆盖特征指标

措施名称	树高(cm)	冠幅(cm)	地径(mm)	冠层高度(cm)	密度(株/m²)
c	0.5	0.4	0.06	0.5	933
	1	1.2	0.08	1	833
	1.5	1.7	0.09	1.5	666
	2	2.4	0.21	2	466
	2.5	3	0.25	2.5	400

措施 d 为草本覆盖措施：盖度选择为 10%、20%、40%、60%、80%。

(2) 多种植被覆盖的风洞模拟植被覆盖特征

基于表 4.4 中的数据，本研究将开展组合植被覆盖时土壤风蚀过程研究。在开展室内风洞控制实验时，根据图 4.1 至图 4.3 建立的最优拟合关系，分别选取 5a、15a 和 30a 的植被生长特征指标，以及造林技术规程中说明的造林株行距等参数，按照 1∶100 比例缩放，组合植被措施下的风洞模拟植被覆盖特征指标统计详见表 4.10 至表 4.18。

表 4.10　落叶阔叶与常绿针叶组合措施下风洞模拟植被覆盖特征指标

措施名称	树高1 (m)	冠幅1 (cm)	胸径1 (mm)	冠层高度1 (cm)	树高2 (cm)	冠幅2 (cm)	胸径2 (mm)	冠层高2 (cm)	混交比例	混交方式	总密度 (株/m²)
e	4	2	1.9	2.4	3.5	1	1.8	2	3:1	株间	812
	9	4	3.1	5.4	7.5	2.2	2.5	6.5	2:1	行间	562
	13	6	4.3	7.8	11	3.2	3.1	9	1:1	块状	375

表 4.11　落叶阔叶与灌木组合措施下风洞模拟植被覆盖特征指标

措施名称	树高1 (m)	冠幅1 (cm)	胸径1 (mm)	冠层高度1 (cm)	树高2 (cm)	冠幅2 (cm)	地径2 (mm)	冠层高2 (cm)	混交比例	混交方式	总密度 (株/m²)
f	4	2	1.9	2.4	0.5	0.4	0.06	0.5	3:1	株间	812
	9	4	3.1	5.4	1.5	1.7	0.09	1.5	2:1	行间	562
	13	6	4.3	7.8	2.5	3	0.25	2.5	1:1	块状	375

表 4.12　落叶阔叶与草组合措施下风洞模拟植被覆盖特征指标

措施名称	树高(m)	冠幅(cm)	胸径(mm)	冠层高度(cm)	密度(株/m²)	草本盖度(%)
g	4	2	1.88	2.4	813	10
	9	4	3.1	5.4	563	40
	13	6	4.32	7.8	375	80

表 4.13　常绿针叶与落叶阔叶组合措施下风洞模拟植被覆盖特征指标

措施名称	树高1 (m)	冠幅1 (cm)	胸径1 (mm)	冠层高度1 (cm)	树高2 (cm)	冠幅2 (cm)	胸径2 (mm)	冠层高2 (cm)	混交比例	混交方式	总密度 (株/m²)
h	3.5	1	1.8	2	4	2	1.9	2.4	3:1	株间	933
	7.5	2.2	2.5	6.5	9	4	3.1	5.4	2:1	行间	600
	11	3.2	3.1	9	13	6	4.3	7.8	1:1	块状	400

表 4.14　常绿针叶与灌木组合措施下风洞模拟植被覆盖特征指标

措施名称	树高1 (m)	冠幅1 (cm)	胸径1 (mm)	冠层高度1 (cm)	树高2 (cm)	冠幅2 (cm)	地径2 (mm)	冠层高2 (cm)	混交比例	混交方式	总密度 (株/m²)
i	3.5	1	1.8	2	0.5	0.4	0.06	0.5	3:1	株间	933
	7.5	2.2	2.5	6.5	1.5	1.7	0.09	1.5	2:1	行间	600
	11	3.2	3.1	9	2.5	3	0.25	2.5	1:1	块状	400

表 4.15　常绿针叶与草组合措施下风洞模拟植被覆盖特征指标

措施名称	树高(m)	冠幅(cm)	胸径(mm)	冠层高度(cm)	密度(株/m²)	草本盖度(%)
	3.5	1	1.8	2	933	10
j	7.5	2.2	2.5	6.5	600	40
	11	3.2	3.1	9	400	80

表 4.16　灌木与草组合措施下风洞模拟植被覆盖特征指标

措施名称	树高(m)	冠幅(cm)	地径(mm)	冠层高度(cm)	密度(株/m²)	草本盖度(%)
	0.5	0.4	0.06	0.5	933	10
k	1.5	1.7	0.09	1.5	666	40
	2.5	3	0.25	2.5	400	80

表 4.17　落叶阔叶与灌木和草组合措施下风洞模拟植被覆盖特征指标

措施名称	树高1(m)	冠幅1(cm)	胸径1(mm)	冠层高度1(cm)	树高2(cm)	冠幅2(cm)	地径2(mm)	冠层高2(cm)	混交比例	混交方式	总密度(株/m²)	草本盖度(%)
	4	2	1.9	2.4	0.5	0.4	0.06	0.5	3∶1	株间	813	10
l	9	4	3.1	5.4	1.5	1.7	0.09	1.5	2∶1	行间	563	40
	13	6	4.3	7.8	2.5	3	0.25	2.5	1∶1	块状	375	80

表 4.18　常绿针叶与灌木和草组合措施下风洞模拟植被覆盖特征指标

措施名称	树高1(m)	冠幅1(cm)	胸径1(mm)	冠层高度1(cm)	树高2(cm)	冠幅2(cm)	地径2(mm)	冠层高2(cm)	混交比例	混交方式	总密度(株/m²)	草本盖度(%)
	3.5	1	1.8	2	0.5	0.4	0.06	0.5	3∶1	株间	933	10
m	7.5	2.2	2.5	6.5	1.5	1.7	0.09	1.5	2∶1	行间	600	40
	11	3.2	3.1	9	2.5	3	0.25	2.5	1∶1	块状	400	80

4.3.2　保护性耕作措施处理特征

(1) 单一保护性耕作措施下的风洞模拟覆被特征

措施 A 为残茬覆盖措施：盖度选择为 10%、20%、40%、60%、80%。基于表 4.5 中的数据，本研究将开展单一保护性耕作措施时土壤风蚀过程研究。在开展室内风洞控制实验时，分别选取低茬—高茬范围内的留茬特征指标，以及农业实践中作物株行距等参数，按照 1∶10 比例缩放。留茬措施下风洞模拟覆被特征指标统计详见表 4.19。

表 4.19 留茬措施下风洞模拟覆被特征指标

措施名称	高度(cm)	直径(cm)	密度(株/m²)
B	1	0.1	2 500
	1.5	0.1	1 250
	2	0.1	875
	2.5	0.1	625
	3	0.1	500

(2) 组合保护性耕作措施下的风洞模拟植被覆盖特征

基于表 4.6 中的数据,本研究将开展组合保护性耕作措施时土壤风蚀过程研究。在开展室内风洞控制实验时,分别选取低茬—高茬范围内的留茬特征指标,以及农业实践中作物株行距等参数,按照 1∶10 比例缩放。组合保护性耕作措施下的风洞模拟覆被特征指标统计详见表 4.20。

表 4.20 留茬覆盖组合措施下风洞模拟覆被特征

措施名称	高度(cm)	直径(cm)	盖度(%)	密度(株/m²)
C	1	0.1	10	2 500
	1.5	0.1	20	1 250
	2	0.1	40	875
	2.5	0.1	60	625
	3	0.1	80	500

第五章

土壤风蚀过程

土壤风蚀是指在一定的风力条件作用下,地表松散的颗粒物质发生破坏、搬运和沉积,从而导致土壤表面发生退化的过程,是干旱、半干旱地区甚至是部分半湿润地区的主要生态环境问题之一。土壤风蚀作为一个综合且复杂的自然地理过程,地形特点、气候条件、土壤性质及植被覆盖状况等都会对其产生某种程度上的影响。本章采用室内风洞模拟与室外定位监测相结合的方法,研究土壤风蚀的空气动力学粗糙度特征、风沙流结构规律及风蚀物的粒度特征,研究气候、土壤及地表植被等因素对土壤风蚀过程的影响,最后在理论分析的基础上,对风蚀模型(RWEQ)进行改进和验证,使其能较好地应用于我国风沙区农林草地的土壤风蚀预测,从而为我国风沙区的防风固沙建设提供科学依据。

5.1 土壤风蚀特征

5.1.1 空气动力学粗糙度特征

近地表风速廓线是指风速对高度的分布曲线,可表征近地表气流运动变化的特点,并且是评判风蚀发生的重要指标之一。特别是风蚀起沙过程中,由于运动沙粒参与其中,使得风速廓线成为气固二相流的产物,与净风状态下风速廓线的分布有着显著的区别。不同植被措施和不同保护性耕作措施下土壤表面的风速廓线由在每个吹蚀实验过程中测得的距地表 1 cm、2 cm、5 cm、10 cm、20 cm 和 30 cm 高度处的风速绘制(图 5.1 至图 5.6)。

由图 5.1 可知,在 4 m/s 风速下,无植被覆盖的近地表风速明显大于有植被覆盖的风速;最大削减率在 1 cm 高度处,为 64.1%;0~30 cm 范围内的平均削减率为 33.9%,且随着高度增加,平均削减率减小。整体而言,同一高度处,无植被覆盖土壤表层的风速最大,植被高度较低的草地风速(平均削减率为 5.7%)、灌木林地风速次之(平均削减率为 23.0%),而植被高度较高的乔木林地风速最小(平均削减率为 38.8%,其中,阔叶林地平均削减率为 38.4%,针叶林地平均削减率为 39.3%)。

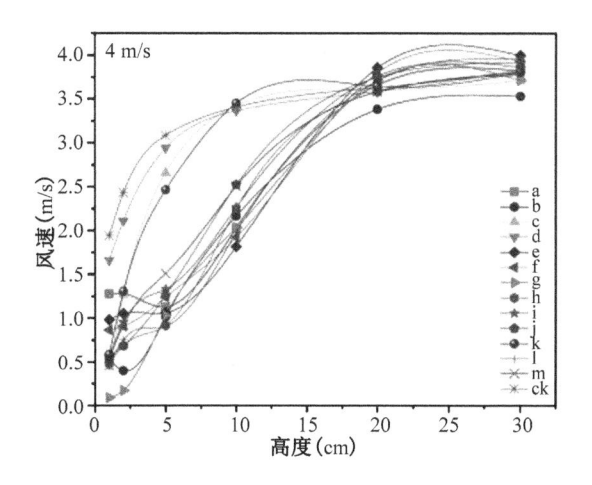

图 5.1　4 m/s 风速时不同植被措施下的风速廓线

由图 5.2 可知,在 12 m/s 风速下,无植被覆盖的近地表风速明显大于有植被覆盖的风速;最大削减率在 1 cm 高度处,为 64.3%;0～30 cm 范围内的平均削减率为 35.6%,且随着高度增加,平均削减率减小。整体而言,同一高度处,无植被覆盖土壤表层的风速最大,植被高度较低的草地风速(平均削减率为 9.7%)、灌木林地风速次之(平均削减率为 21.8%),而植被高度较高的乔木林地风速最小(平均削减率为 40.9%,其中,阔叶林地平均削减率为 42.2%,针叶林地平均削减率为 39.7%)。

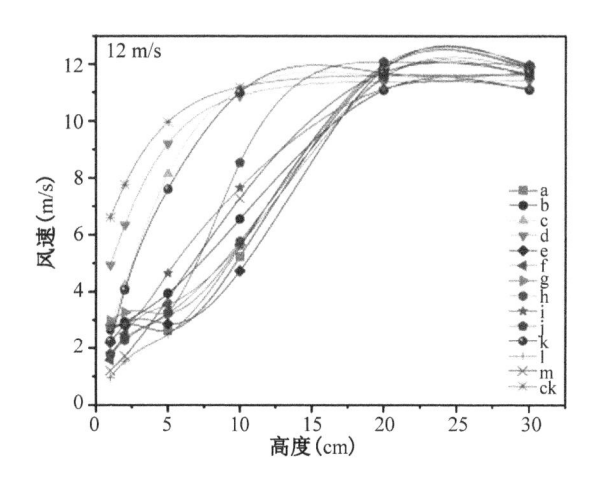

图 5.2　12 m/s 风速时不同植被措施下的风速廓线

由图 5.3 可知,在 20 m/s 风速下,无植被覆盖的近地表风速明显大于有植被覆盖的风速;最大削减率在 1 cm 高度处,为 62.7%;0～30 cm 范围内的平均削减率为 33.7%,且随着高度增加,平均削减率减小。整体而言,同一高度处,无植被覆盖土壤表层的风速最大,植被高度较低的草地风速(平均削减率为 6.9%)、灌木林地风速次之(平均削减率为 19.7%),而植被高度较高的乔木林地风速最小(平均削减率为 39.1%,其中,阔叶林地平均削减率为 41.0%,针叶林地平均削减率为 37.3%)。

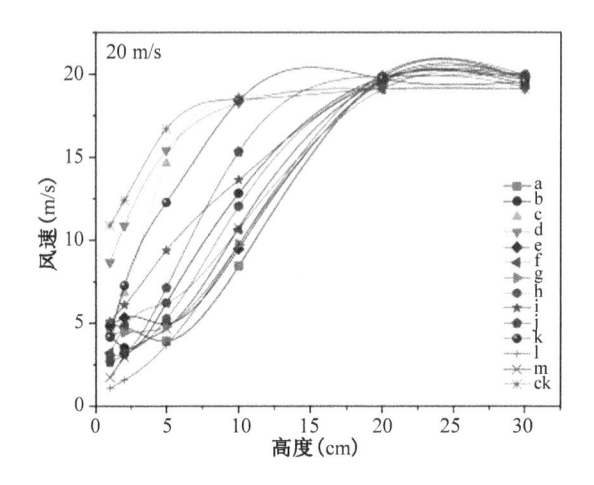

图 5.3 20 m/s 风速时不同植被措施下的风速廓线

由图 5.4 可知,在 4 m/s 风速下,无保护性耕作措施的近地表风速明显大于有保护性耕作措施的风速;最大削减率在 1 cm 高度处,为 16.1%;0～30 cm 范围内的平均削减率为 7.6%,且随着高度增加,平均削减率减小。整体而言,同一高度处,无保护性耕作措施土壤表层的风速最大,其次是覆盖措施(平均削减率为 2.3%)和留茬措施(平均削减率为 6.6%),风速最小的是留茬覆盖组合措施(平均削减率为 13.8%)。

由图 5.5 可知,在 12 m/s 风速下,无保护性耕作措施的近地表风速明显大于有保护性耕作措施的风速;最大削减率在 1 cm 高度处,为 19.7%;0～30 cm 范围内的平均削减率为 6.6%,且随着高度增加,平均削减率减小。整体而言,同一高度处,无保护性耕作措施土壤表层的风速最大,其次是覆盖措施(平均削减率为 2.6%)和留茬措施(平均削减率为 6.1%),风速最小的是留茬覆盖组合措施(平均削减率为 11.1%)。

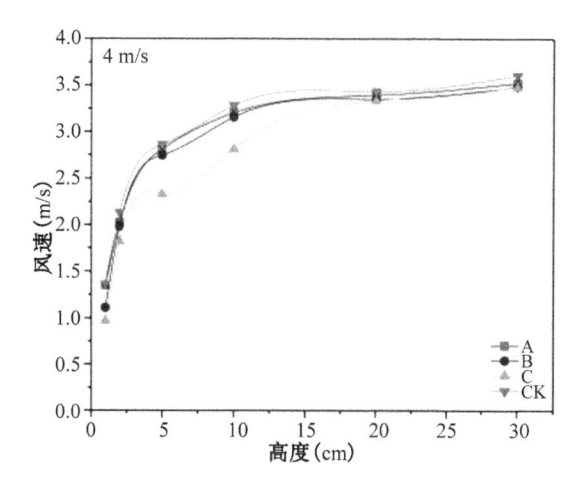

图 5.4　4 m/s 风速时不同耕作措施下的风速廓线

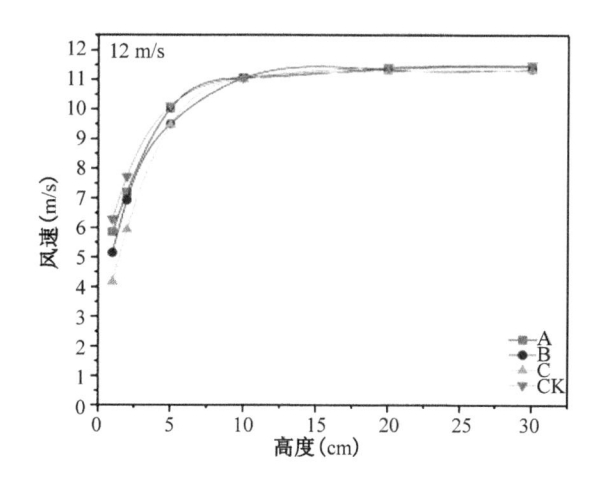

图 5.5　12 m/s 风速时不同耕作措施下的风速廓线

由图 5.6 可知,在 20 m/s 风速下,无保护性耕作措施的近地表风速明显大于有保护性耕作措施的风速;最大削减率在 1 cm 高度处,为 16.5%;0~30 cm 范围内的平均削减率为 9.9%,且随着高度增加,平均削减率减小。整体而言,同一高度处,无保护性耕作措施土壤表层的风速最大,其次是覆盖措施(平均削减率为 2.4%)和留茬措施(平均削减率为 6.0%),风速最小的是留茬覆盖组合措施(平均削减率为 21.4%)。

空气动力学粗糙度 Z_0 指近地表平均风速为零的高度,体现了地表对气流的摩擦阻力以及对风沙活动的影响,粗糙度越大,对地表风速的削减作用越明显,同

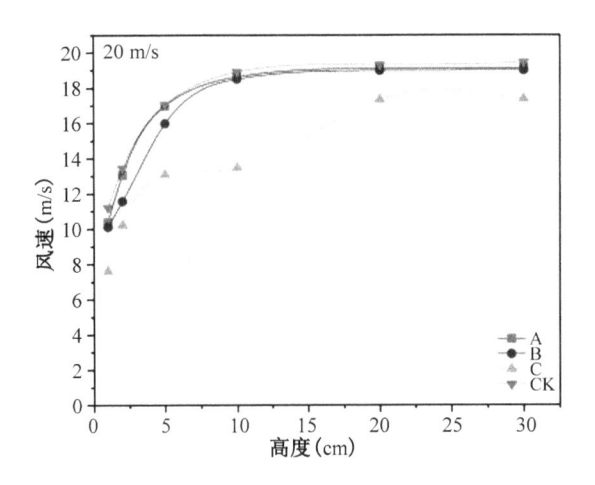

图 5.6　20 m/s 风速时不同耕作措施下的风速廓线

时抗风蚀能力越强(杨钦,2017)。本研究利用 Dong 等提出的风速廓线法,计算得出空气动力学粗糙度。具体拟合关系见表 5.1 和表 5.2。对测定不同高度风速结果进行回归分析,最佳拟合关系为:

$$y = A + B\ln x \tag{5-1}$$

式中:y 为 x 高度处的风速,A、B 为回归系数,将 $y=0$ 代入式中,即可得到 Z_0 的值:

$$Z_0 = e^{(-A/B)} \tag{5-2}$$

由表 5.1 可知,在 4 m/s 风速下,空气动力学粗糙度最小值为无植被覆盖的裸露平坦农田地表(0.023 4),单一措施下,空气动力学粗糙度由大到小排列依次为:针叶乔木(1.014 2)>灌木(0.507 0)>阔叶乔木(0.423 9)>草(0.068 4)。组合措施下,空气动力学粗糙度由大到小排列依次为:乔草混交(1.157 3)>乔灌草混交(0.892 8)>乔乔混交(0.839 8)>乔灌混交(0.767 0)>灌草混交(0.485 9)。

在 12 m/s 风速下,空气动力学粗糙度最小值为无植被覆盖的裸露平坦农田地表(0.012 4),单一措施下,空气动力学粗糙度由大到小排列依次为:针叶乔木(0.627 4)>阔叶乔木(0.393 8)>灌木(0.359 8)>草(0.075 7)。组合措施下,空气动力学粗糙度由大到小排列依次为:乔灌草混交(1.142 7)>乔乔混交(0.896 6)>乔草混交(0.780 6)>乔灌混交(0.752 6)>灌草混交(0.444 0)。

在 20 m/s 风速下,空气动力学粗糙度最小值为无植被覆盖的裸露平坦农田地表(0.013 6),单一措施下,空气动力学粗糙度由大到小排列依次为:针叶乔木(0.790 5)>阔叶乔木(0.760 8)>灌木(0.339 5)>草地(0.063 3)。组合措施下,空气动力学粗糙度由大到小排列依次为:乔灌草混交(1.270 6)>乔草混交(0.853 2)>乔乔混交(0.820 5)>乔灌混交(0.652 4)>灌草混交(0.410 9)。

表 5.1 不同植被措施下风速廓线的拟合方程

风速(m/s)	样地编号	拟合方程	R^2	空气动力学粗糙度(cm)
4	a	$y=0.701\,4+0.817\,2\ln x$	0.704 8	0.423 9
	b	$y=-0.014\,2+1.009\,6\ln x$	0.884 5	1.014 2
	c	$y=0.681\,1+1.002\,9\ln x$	0.928 0	0.507 0
	d	$y=1.732\,2+0.645\,6\ln x$	0.974 5	0.068 4
	e	$y=0.374\,0+0.956\,6\ln x$	0.730 8	0.676 4
	f	$y=0.312\,8+0.980\,6\ln x$	0.806 0	0.726 9
	g	$y=-0.408\,8+1.200\,7\ln x$	0.913 6	1.405 6
	h	$y=-0.003\,4+1.067\,2\ln x$	0.876 0	1.003 2
	i	$y=0.222\,4+1.037\,1\ln x$	0.907 2	0.807 0
	j	$y=0.104\,7+1.097\,0\ln x$	0.916 6	0.909 0
	k	$y=0.718\,2+0.995\,1\ln x$	0.953 6	0.485 9
	l	$y=-0.026\,5+1.086\,4\ln x$	0.843 6	1.024 7
	m	$y=0.277\,5+1.015\,7\ln x$	0.957 4	0.760 9
	ck	$y=2.050\,4+0.545\,8\ln x$	0.972 7	0.023 4
12	a	$y=0.771\,0+0.827\,3\ln x$	0.702 0	0.393 8
	b	$y=1.291\,9+2.771\,0\ln x$	0.854 3	0.627 4
	c	$y=2.943\,5+2.879\,7\ln x$	0.927 8	0.359 8
	d	$y=5.274\,6+2.043\,7\ln x$	0.931 5	0.075 7
	e	$y=0.449\,1+3.059\,9\ln x$	0.724 6	0.863 5
	f	$y=0.239\,8+3.194\,6\ln x$	0.847 7	0.927 7
	g	$y=1.201\,9+2.880\,3\ln x$	0.732 1	0.658 8
	h	$y=0.230\,8+3.162\,6\ln x$	0.831 9	0.929 6

续表

风速(m/s)	样地编号	拟合方程	R^2	空气动力学粗糙度(cm)
12	i	$y=1.5438+2.8107\ln x$	0.9089	0.5774
	j	$y=0.3542+3.4435\ln x$	0.8783	0.9023
	k	$y=2.4701+3.0422\ln x$	0.9411	0.4440
	l	$y=-0.7922+3.5717\ln x$	0.8316	1.2483
	m	$y=-0.1260+3.4600\ln x$	0.9173	1.0371
	ck	$y=6.9079+1.5732\ln x$	0.9323	0.0124
20	a	$y=1.3286+4.8604\ln x$	0.6653	0.7608
	b	$y=1.2533+5.3310\ln x$	0.8604	0.7905
	c	$y=5.1466+4.7642\ln x$	0.9045	0.3395
	d	$y=9.1507+3.3151\ln x$	0.9347	0.0633
	e	$y=1.7861+4.8390\ln x$	0.7309	0.6913
	f	$y=1.0473+5.2328\ln x$	0.8686	0.8186
	g	$y=1.1573+5.0584\ln x$	0.7635	0.7955
	h	$y=0.2845+5.4968\ln x$	0.8655	0.9496
	i	$y=3.4672+4.8082\ln x$	0.9369	0.4862
	j	$y=0.5493+5.8864\ln x$	0.9239	0.9109
	k	$y=4.4233+4.9740\ln x$	0.9437	0.4109
	l	$y=-2.0862+6.2237\ln x$	0.8461	1.3982
	m	$y=-0.7736+5.7869\ln x$	0.8692	1.1430
	ck	$y=11.2780+2.6259\ln x$	0.9096	0.0136

由表5.2可知,在4 m/s风速下,空气动力学粗糙度最小值出现在无保护性耕作措施的裸露平坦农田地表(0.0825),保护性耕作措施中,空气动力学粗糙度由大到小排列依次为:留茬覆盖组合(0.2039)＞留茬(0.1281)＞覆盖(0.0871)。

在12 m/s风速下,空气动力学粗糙度最小值出现在无保护性耕作措施的裸露平坦农田地表(0.0141),保护性耕作措施中,空气动力学粗糙度由大到小排列依次为:留茬覆盖组合(0.1175)＞留茬(0.0498)＞覆盖(0.0266)。

在20 m/s风速下,空气动力学粗糙度最小值出现在无保护性耕作措施的裸露平坦农田地表(0.008 7),保护性耕作措施中,空气动力学粗糙度由大到小排列依次为:留茬覆盖组合(0.063 4)＞留茬(0.027 0)＞覆盖(0.013 7)。

表5.2 不同保护性耕作措施下风速廓线拟合方程

风速(m/s)	样地编号	拟合方程	R^2	空气动力学粗糙度(cm)
4	A	$y=1.551\,7+0.635\,8\ln x$	0.952 9	0.087 1
	B	$y=1.393\,5+0.678\,2\ln x$	0.940 0	0.128 1
	C	$y=1.140\,8+0.717\,5\ln x$	0.983 3	0.203 9
	CK	$y=1.602\,1+0.642\,0\ln x$	0.948 1	0.082 5
12	A	$y=6.303\,5+1.738\,2\ln x$	0.920 1	0.026 6
	B	$y=5.718\,1+1.906\,7\ln x$	0.927 9	0.049 8
	C	$y=4.775\,9+2.230\,1\ln x$	0.914 4	0.117 5
	CK	$y=6.770\,7+1.588\,1\ln x$	0.927 8	0.014 1
20	A	$y=11.357+2.648\,7\ln x$	0.913 0	0.013 7
	B	$y=10.408+2.881\,9\ln x$	0.932 4	0.027 0
	C	$y=7.928\,0+2.874\,0\ln x$	0.968 7	0.063 4
	CK	$y=11.943+2.516\,3\ln x$	0.928 5	0.008 7

5.1.2 风沙流结构特征

对于土壤风蚀产生的风沙流,分析输沙量的垂向分布可以得到微观沙粒的运动规律,对土壤风蚀研究具有重要意义(谢时茵,2019)。输沙率是指单位时间内通过单位床面宽度的沙粒总量,用以评价近地表的风蚀情况。本研究通过收集称量集沙仪中不同高度层的风蚀物质,绘制出不同植被措施下输沙率随高度的变化(图5.7)和不同保护性耕作措施下输沙率随高度的变化(图5.8)。由图5.7可知,水平方向上,无植被覆盖的裸露平坦农田地表输沙率最大,为0.601 g/(min·cm)。单一措施中,输沙率由大到小依次为针叶乔木[0.057 g/(min·cm)]＞阔叶乔木[0.049 g/(min·cm)]＞草地[0.043 g/(min·cm)]＞灌木[0.023 g/(min·cm)]。组合措施中,输沙率由大到小依次为乔灌混交[0.029 g/(min·cm)]＞灌草混交[0.022 g/(min·cm)]＞乔乔混交[0.021 g/(min·cm)]＞乔灌草混交

[0.016 g/(min·cm)]>乔草[0.009 g/(min·cm)]。垂直方向下,各措施输沙率随高度的增加呈现不同的规律,对于单一措施而言,输沙率随高度的变化均符合指数函数,即随着高度的增加而迅速减少(表5.3)。而组合措施下,从图5.7可以看出,输沙曲线呈"C"形,输沙率的最高值出现在距地表10 cm附近,呈现独特的"象鼻子效应"。这可能是因为一部分气流由于组合植被措施的作用而被迫抬升,导致近地表面附近的风速迅速降低;同时由于组合措施植被的存在,气流的活动层被抬高,相应的最大风蚀物输送通量所在的高度也被提高了。组合措施下,地表最大输沙率区间出现在7~10 cm范围内,平均占对应总输沙率的44%;单一措施下,地表的最大输沙率区间出现在0~4 cm高度区,占总输沙率的52%。在达到极值后,各高度的输沙量均有所减少,但减少的幅度不尽相同;相对累积输沙量的垂向分布亦表现出下层百分含量增加、上层百分含量减少的趋势。植被类型的象鼻效应越单一,"象鼻子效应"越不明显。其原因可能是土壤表层与跃移沙粒之间的碰撞近似弹性碰撞,能量损失较少,而地表沙粒的起跳初速度和起跳角度均较大,沙粒弹跳高度主要集中在较高的空间,再加上底部受到了植被的阻滞效应,最终使得风沙流结构底部出现了"象鼻子效应"。而单一简单植被类型下,地表颗粒与地表之间的撞击力减小,沙粒的弹跳高度也降低了,从而消除了"象鼻子效应",输沙率随高度的分布呈现指数规律递减(殷代英等,2016)。

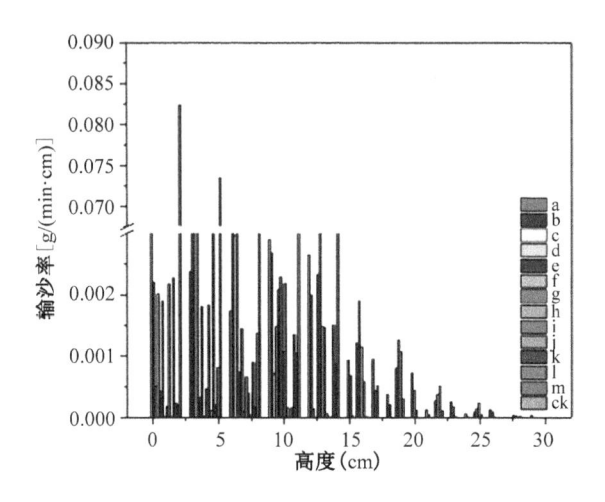

图5.7 不同植被措施下输沙率随高度的变化

图5.8是不同保护性耕作措施下输沙率随高度的变化,各种保护性耕作措施

的输沙率均随集沙高度的升高呈递减的趋势。在近地表 15 cm 的高度以内输沙率减小的幅度较大,之后随着集沙高度的升高,输沙率的减幅变缓,维持较稳定水平。

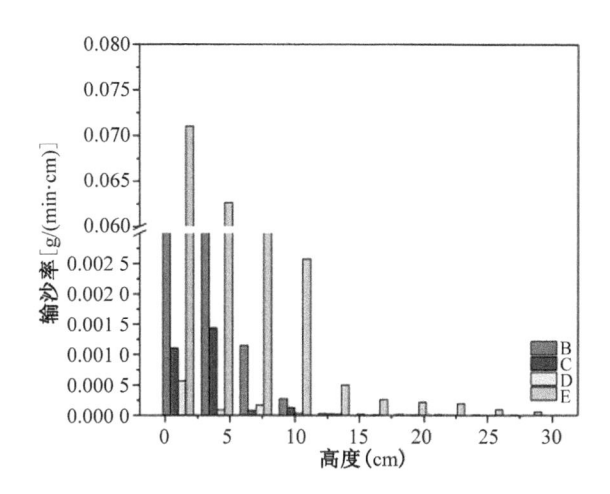

图 5.8 不同保护性耕作措施下输沙率随高度的变化

表 5.4 为不同保护性耕作措施输沙率随高度变化的拟合方程,在 0～30 cm 高度以内,三种保护性耕作措施及无保护性耕作措施的裸露平坦农田输沙率均随高度呈指数函数规律递减,相关系数 R^2 的范围在 0.87～0.95。输沙率与高度的关系可以按照公式(5-3)拟合:

$$y = a_1 e^{b_1 x} \tag{5-3}$$

式中,y 表示输沙率[g/(min·cm)],x 为集沙高度(cm),a_1、b_1 为系数。

风沙活动对高度的变化很敏感,主要发生在几十厘米以内的近地表。大量的实验结果表明,可用指数函数、幂函数或分段函数等多种形式拟合,结果大多数表现为指数函数规律分布(Butterfield,1999;Ni,et al.,2003)。本研究中输沙率与高度关系的拟合符合指数函数规律,与前人研究一致。土壤颗粒位置发生移动的形式可以分为蠕移、跃移、悬移 3 种,其中跃移物质在风沙流中占绝对优势,也是导致土壤风蚀危害产生的主要形式(赵云等,2012)。有学者研究表明,风蚀物在 0～20 cm 高度以内以指数函数规律递减,反映了以跃移质为主的风沙流结构(王仁德等,2009)。本研究区的 4 类措施下农田风沙流结构主要以跃移质为主,与前人的研究结论一致。

表 5.3　不同植被措施下输沙率随高度的拟合方程

编号	高度范围(cm)	拟合方程	R^2
a	0～30	$y=0.013\,2e^{-0.22x}$	0.820 7
b	0～30	$y=0.027\,9e^{-0.309x}$	0.813 2
c	0～30	$y=0.007\,8e^{-0.373x}$	0.823 2
d	0～30	$y=0.011e^{-0.488x}$	0.783 8
e	0～13	$y=0.000\,3e^{0.174\,9x}$	0.850 9
e	13～30	$y=0.118e^{-0.284x}$	0.977 8
f	0～13	$y=0.001\,5e^{0.050\,9x}$	0.492 0
f	13～30	$y=0.388\,4e^{-0.328x}$	0.947 2
g	0～13	$y=5E-06e^{0.453\,5x}$	0.939 8
g	13～30	$y=0.125\,1e^{-0.284x}$	0.758 4
h	0～10	$y=0.000\,1e^{0.261\,4x}$	0.962 8
h	10～30	$y=0.043\,5e^{-0.272x}$	0.991 5
i	0～30	$y=0.003\,6e^{-0.32x}$	0.975 3
j	0～30	$y=5E-05e^{-0.147x}$	0.659 0
k	0～30	$y=0.005\,9e^{-0.398x}$	0.937 7
l	0～13	$y=0.000\,1e^{0.187\,6x}$	0.671 6
l	13～30	$y=0.394\,7e^{-0.367x}$	0.795 2
m	0～7	$y=0.000\,2x^{0.985\,7}$	0.999 7
m	7～30	$y=0.006\,3e^{-0.169x}$	0.941 5
ck	0～30	$y=0.319\,1e^{-0.405x}$	0.976 0

表 5.4　不同保护性耕作措施下输沙率随高度的拟合方程

编号	高度范围(cm)	拟合方程	R^2
A	0～30	$y=0.004\,9e^{-0.264x}$	0.889 1
B	0～30	$y=0.001e^{-0.232x}$	0.871 4
C	0～30	$y=0.000\,4e^{-0.203x}$	0.955 9
CK	0～30	$y=0.064\,2e^{-0.277x}$	0.913 8

5.1.3 土壤风蚀物粒度特征

将集沙仪收集到的风蚀物进行粒径分析,可得出不同植被措施及不同保护性耕作措施下产生的风蚀物的粒径分布情况(图5.9和5.10)。由图5.9可知,无植被措施的裸露平坦农田土壤风蚀物以 50~250 μm 粒径为主,占到总量的 70.14%。单一植被措施下土壤风蚀物也以 50~250 μm 粒径为主,占比由大到小排序为:灌木(68.71%)＞草地(67.78%)＞针叶林(66.92%)＞阔叶林(48.49%)。组合措施下土壤风蚀物的粒径范围也是以 50~250 μm 为主,其中灌草组合占比最大,为 72.24%,其次为乔灌组合(70.35%)、乔灌草组合(67.76%)、乔乔组合(59.15%),乔草组合占比最小,为 57.34%,说明灌木具有明显的抑制细颗粒物排放的能力。

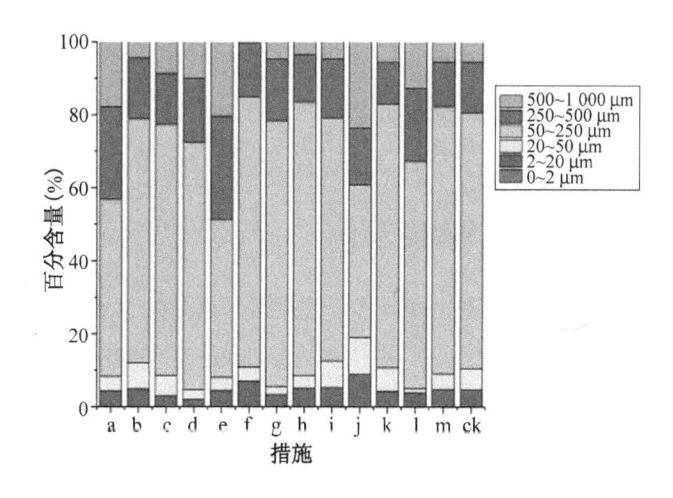

图5.9 不同植被措施下风蚀物粒径分布

由图5.10可知,无保护性措施的裸露平坦农田风蚀物以"20~50 μm"和"50~250 μm"粒径为主,占比分别为 36.6% 和 47.3%,占到总量的 83.9%。三种保护性耕作措施中,覆盖措施的风蚀物以"50~250 μm"粒径为主,占到总量的 78.5%。留茬措施的风蚀物以"50~250 μm"粒径为主,占到总量的 76.26%。而留茬覆盖组合措施的风蚀物以"50~250 μm"粒径为主,占比为 57%,其次是"250~500 μm"粒径,占比为 25.9%。这说明保护性耕作措施对削减细颗粒物质排放量效果明显,并且留茬覆盖措施效果最好。

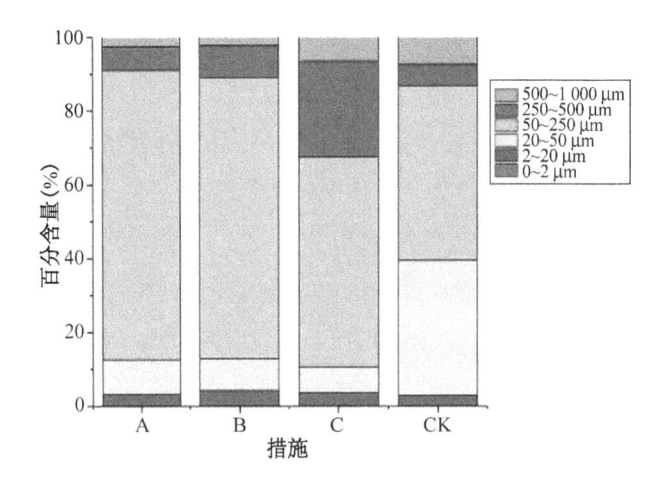

图 5.10 不同保护性耕作措施下风蚀物粒径分布

5.2 土壤风蚀影响因素

5.2.1 气候因素对土壤风蚀的影响

气候作为影响土壤风蚀的一个重要自然因素,是导致土地沙漠化过程尤其是降水少多大风环境下的主导因素。在众多因素中,风速是影响土壤风蚀的首要因子(何文清等,2005;吴芳芳等,2016;林艺等,2017)。图 5.11 和图 5.12 是不同植被措施下土壤风蚀率随风速的变化情况,由图可知,不同措施下的风蚀率都随着风速的增大而增加。由图 5.11 可知,在任一风速下,无植被措施的裸露平坦农田地表土壤风蚀率均要大于有植被措施的土壤风蚀率。有植被措施的地表风蚀率随风速增加的幅度不大,在 4～16 m/s 风速下,这几种植被措施的地表风蚀率都不超过 13.12 g/(m²·min),低风速下有植被措施地表的风蚀率比较小。当风速增加到 20 m/s 时,草地的风蚀率最大,为 55.24 g/(m²·min),其次是阔叶乔木[38.13 g/(m²·min)]和灌木[34.03 g/(m²·min)],针叶乔木措施下风蚀率最小,为 18.49 g/(m²·min)。无植被措施的裸露平坦农田在 4～12 m/s 风速下,随着风速的增大风蚀率增加的趋势不太明显,都不超过 18.50 g/(m²·min)。当风速由 12 m/s 增加到 16 m/s 时,风蚀率增大为 5.78 倍,当风速由 16 m/s 增加到 20 m/s 时,风蚀率增大为 2.42 倍。这说明,当风速≤12 m/s 时,无植被措施的裸露农田床面以轻微侵蚀为主,当风速>12 m/s 时以强烈侵蚀为主,这与前人的结论一致(殷代英等,2016)。如图 5.12 所示,组合植被措施下风蚀率随风速的增大而增加的趋势基本相同,当风速从 12 m/s 达到 20 m/s 时,风蚀率增幅最大为针叶灌草措施(18.85 倍),最小为阔叶草混交组合(2.34 倍)。将不同植被措施下风蚀率随风速变化趋势用指数曲线进行拟合(表 5.5),拟合系数均大于 0.81。

$$y = a_2 e^{b_2 x} \tag{5-4}$$

式中,y 表示风蚀率$[g/(m^2 \cdot min)]$,x 为风速(m/s),a_2、b_2 为回归系数。

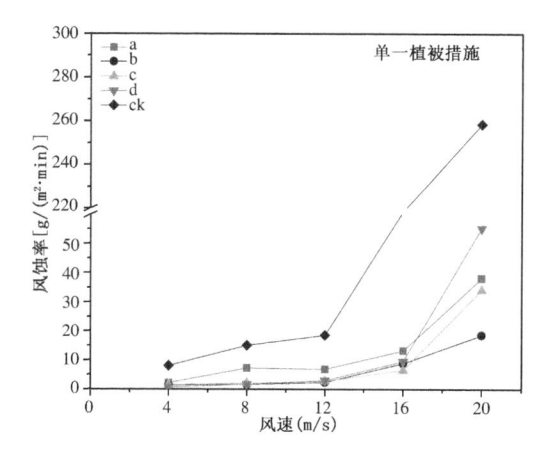

图 5.11 单一植被措施下风蚀率随风速的变化

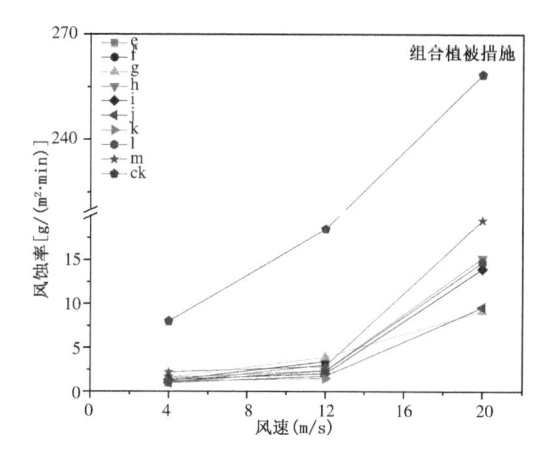

图 5.12 组合植被措施下风蚀率随风速的变化

表5.5　不同植被措施地表风蚀率随风速变化拟合方程

编号	拟合方程	R^2	编号	拟合方程	R^2
a	$y=1.3073e^{0.1588x}$	0.9154	h	$y=0.6752e^{0.1439x}$	0.8868
b	$y=0.4919e^{0.1714x}$	0.9051	i	$y=0.5663e^{0.1477x}$	0.8805
c	$y=0.499e^{0.1833x}$	0.8598	j	$y=0.4545e^{0.143x}$	0.9251
d	$y=0.1953e^{0.2611x}$	0.9546	k	$y=0.3292e^{0.1998x}$	0.8108
e	$y=0.3866e^{0.1933x}$	0.9809	l	$y=0.4633e^{0.1641x}$	0.9488
f	$y=0.4728e^{0.1933x}$	0.9665	m	$y=0.9529e^{0.1374x}$	0.8460
g	$y=1.02e^{0.1104x}$	0.9995	ck	$y=2.489e^{0.2229x}$	0.9303

对于不同保护性耕作措施，风速对风蚀率有着显著的影响。风速是风蚀的启动力，与风蚀率呈正相关关系（董治宝和钱广强，2007；孙悦超等，2009）。如图5.13和图5.14所示，在任一风速条件下，未采取保护性耕作措施的土壤风蚀率均明显大于采取了保护性耕作措施的，各耕作措施下土壤风蚀率均随着风速升高呈现增加的趋势，但增加的幅度存在差异。随着风速的增加，未采取保护性耕作措施的土壤风蚀率随风速升高的增幅最大，其次为留茬地和覆盖地，留茬覆盖组合措施的风蚀率增加幅度最小。

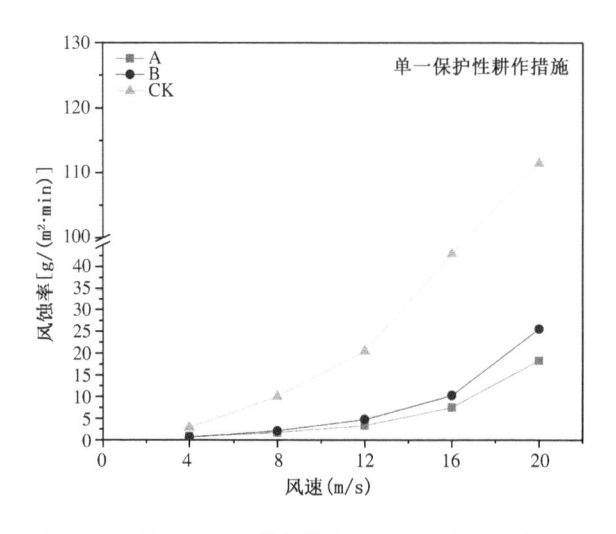

图5.13　单一保护性耕作措施下风蚀率随风速的变化

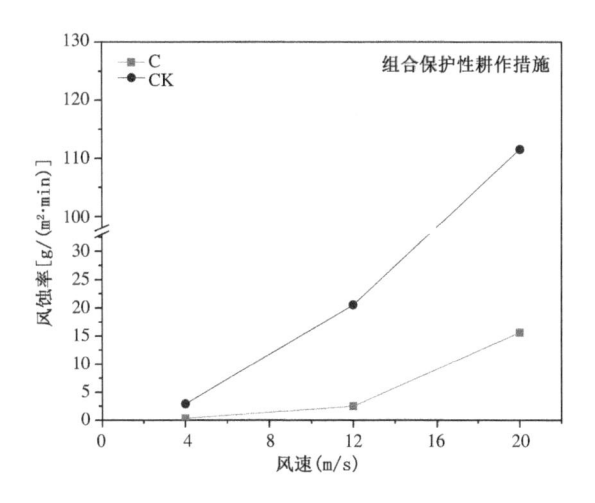

图 5.14　组合保护性耕作措施下风蚀率随风速的变化

为了能够更好地反映出风速与风蚀率之间的关系，对各耕作措施下土壤风蚀率与风速建立拟合关系(表 5.6)，风速与风蚀率之间的关系都可以表达为：

$$y = a_3 e^{b_3 x} \tag{5-5}$$

式中，y 表示风蚀率[g/(m²·min)]，x 为风速(m/s)，a_3、b_3 为回归系数。

前人通过风洞模拟研究得出，风蚀率随着风速的变化符合指数函数的变化规律(王仁德等，2015)。本研究与前人研究结果一致，随着风速的增加，不同措施下农田土壤风蚀率呈指数增大趋势。

表 5.6　不同保护性耕作措施下地表风蚀率随风速变化拟合方程

编号	拟合方程	R^2	编号	拟合方程	R^2
A	$y = 0.344\,9 e^{0.195\,4x}$	0.998 0	C	$y = 0.138\,8 e^{0.237\,2x}$	0.999 6
B	$y = 0.305\,1 e^{0.223x}$	0.993 6	CK	$y = 1.412\,6 e^{0.218\,9x}$	0.990 1

5.2.2　土壤类型对土壤风蚀的影响

不同类型土壤风蚀率随风速的变化而有所不同。由表 5.7 和图 5.15，我们不难发现，在任一风速下，栗钙土的风蚀率均接近或大于棕壤土，当风速分别为 4 m/s、8 m/s、12 m/s、16 m/s 和 20 m/s 时，栗钙土风蚀率分别是棕壤土风蚀率的 2.76 倍、1.50 倍、0.90 倍、2.49 倍和 2.32 倍。栗钙土风蚀率的累计值是棕壤土的 2.17 倍。

表 5.7 不同类型土壤风蚀状况

土壤类型	土壤水分(%)	容重 (g/cm³)	硬度 (10⁵ Pa)	不同风速下的风蚀率[g/(m²·min)]					
				4 m/s	8 m/s	12 m/s	16 m/s	20 m/s	累计
棕壤土	0.74	1.2	1.3	2.42	8.33	17.08	35.83	92.92	156.58
栗钙土	0.77	1.44	1.54	6.67	12.50	15.42	89.17	215.42	339.17

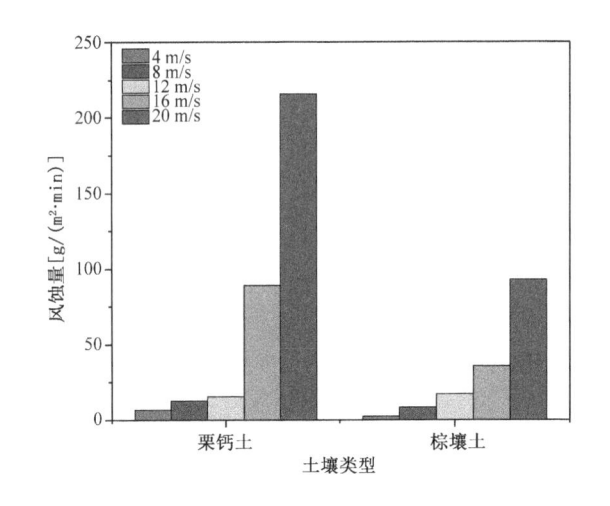

图 5.15 不同类型土壤风蚀率随风速的变化

表 5.8 和图 5.16 是不同土地利用方式下裸露平坦原状土风蚀率随风速的变化情况,我们可以看出,在风速从 4 m/s 增加到 20 m/s 的过程中,裸露平坦农田表面土壤风蚀率的累计值最大[339.17 g/(m²·min)],其次是阔叶林地[133.33 g/(m²·min)]和灌木地[131.25 g/(m²·min)],草地又次之[117.08 g/(m²·min)],针叶林地风蚀率最小,为[99.58 g/(m²·min)]。

表 5.8 不同土地利用方式原状土壤风蚀状况

土壤类型	土壤水分(%)	容重 (g/cm³)	硬度 (10⁵ Pa)	不同风速下的风蚀率[g/(m²·min)]					
				4 m/s	8 m/s	12 m/s	16 m/s	20 m/s	累计
阔叶林地	0.98	1.74	6.72	5.42	12.08	14.17	24.58	77.08	133.33
针叶林地	1.54	1.55	2.83	6.25	7.08	9.17	22.08	55.00	99.58
灌木地	0.53	1.64	3.94	4.58	5.42	6.25	16.25	98.75	131.25
草地	0.66	1.49	2.06	0.42	1.25	2.50	15.83	97.08	117.08
农田	0.77	1.44	1.54	6.67	12.50	15.42	89.17	215.42	339.17

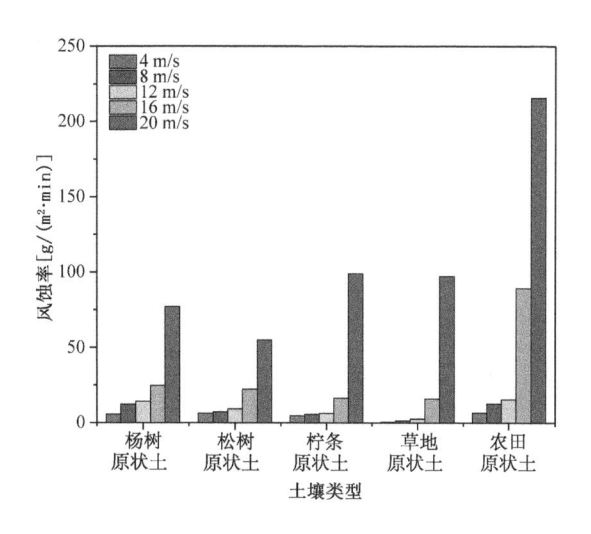

图 5.16 不同土地利用方式土壤风蚀率随风速的变化

5.2.3 植被与保护性耕作措施对土壤风蚀的影响

由表 5.9 可知,单一植被措施下,针叶措施土壤保有率最高(92%),其次是灌木措施(88.52%)和阔叶措施(83.45%),草地土壤保有率最低,为 82.8%。由表 5.10 可知,采取组合植被措施后,土壤保有率整体上有所提高。阔叶措施采取分别与针叶、灌木、草及灌草措施混交后,土壤保有率分别升高了 7.77、5.52、11.36 和 10.15 个百分点。针叶措施采取分别与阔叶、灌木、草以及灌草措施混交后,土壤保有率分别升高了 1.09、1.72、3.48 和 0.86 个百分点。灌木采取与草混交后,土壤保有率升高了 2.68 个百分点。

由表 5.11 可知,单一保护性耕作措施下,除 4 m/s 风速以外,覆盖措施的土壤风蚀率均小于留茬措施。覆盖措施的土壤保有率(83.17%)高于留茬措施的土壤保有率(76.94%)。由表 5.12 可知,在采取留茬覆盖组合措施后,土壤保有率分别比覆盖措施和留茬措施提高了 2.95 和 9.24 个百分点。

表 5.9 单一植被措施下土壤风蚀状况

编号	不同风速下的风蚀率[g/(m²·min)]					风蚀率累计值 [g/(m²·min)]	对照地风蚀率 [g/(m²·min)]	土壤保有量 [g/(m²·min)]	土壤保有率(%)
	4 m/s	8 m/s	12 m/s	16 m/s	20 m/s				
a	1.79	5.64	6.01	10.94	31.77	56.15	339.17	283.02	83.45

续表

编号	不同风速下的风蚀率[g/(m²·min)]					风蚀率累计值 [g/(m²·min)]	对照地风蚀率 [g/(m²·min)]	土壤保有量 [g/(m²·min)]	土壤保有率(%)
	4 m/s	8 m/s	12 m/s	16 m/s	20 m/s				
b	1.18	1.32	1.93	7.31	15.40	27.14	339.17	312.03	92.00
c	1.28	1.71	2.24	5.36	28.36	38.94	339.17	300.22	88.52
d	0.59	1.39	2.42	7.88	46.04	58.33	339.17	280.84	82.80
ck	6.67	12.50	15.42	89.17	215.42	339.17	339.17	0	0

表5.10 各种植被措施下土壤风蚀状况

编号	不同风速下的风蚀率[g/(m²·min)]			风蚀率累计值 [g/(m²·min)]	对照地风蚀率 [g/(m²·min)]	土壤保有量 [g/(m²·min)]	土壤保有率(%)
	4 m/s	12 m/s	20 m/s				
a	1.79	6.01	31.77	39.20	237.5	198.30	83.49
b	1.18	1.93	15.40	18.51	237.5	218.99	92.21
c	1.28	2.24	28.36	31.88	237.5	205.62	86.58
d	0.59	2.42	46.04	49.05	237.5	188.45	79.35
e	0.79	2.55	17.41	20.75	237.5	216.75	91.26
f	1.01	2.87	22.22	26.10	237.5	211.40	89.01
g	1.31	3.27	7.64	12.22	237.5	225.28	94.85
h	1.27	1.97	12.68	15.91	237.5	221.59	93.30
i	1.10	1.68	11.63	14.41	237.5	223.09	93.93
j	0.81	1.45	7.98	10.24	237.5	227.26	95.69
k	0.95	1.24	23.32	25.51	237.5	211.99	89.26
l	0.89	1.95	12.27	15.10	237.5	222.40	93.64
m	0.80	1.40	14.25	16.45	237.5	221.05	93.07
ck	6.67	15.42	215.42	237.50	237.5	0	0

表5.11 单一保护性耕作措施下土壤风蚀状况

编号	不同风速下的风蚀率[g/(m²·min)]					风蚀率累计值 [g/(m²·min)]	对照地风蚀率 [g/(m²·min)]	土壤保有量 [g/(m²·min)]	土壤保有率(%)
	4 m/s	8 m/s	12 m/s	16 m/s	20 m/s				
A	0.64	1.42	2.8	6.26	15.25	26.36	156.58	130.22	83.17
B	0.54	1.77	3.95	8.58	21.27	36.10	156.58	120.48	76.94
CK	2.42	8.33	17.08	35.83	92.92	156.58	156.58	0	0

表 5.12　各种保护性耕作措施下土壤风蚀状况

编号	不同风速下的风蚀率[g/(m²·min)] 4 m/s	12 m/s	20 m/s	风蚀率累计值 [g/(m²·min)]	对照地风蚀率 [g/(m²·min)]	土壤保有量 [g/(m²·min)]	土壤保有率(%)
A	0.64	2.8	15.25	18.69	112.42	93.73	83.38
B	0.54	3.95	21.27	25.76	112.42	86.66	77.09
C	0.29	2.08	13.00	15.37	112.42	97.04	86.33
CK	2.42	17.08	92.92	112.42	112.42	0	0

根据各植被措施下的风蚀率情况,绘制出植被结构、植被组合结构与土壤风蚀率的散点图(图 5.17 和图 5.18)。由图 5.17 可知,阔叶措施、针叶措施及灌木措施下,随着密度的增大,风蚀率整体上呈下降趋势,且随着植被高度的升高,风蚀率整体上呈下降趋势。阔叶措施中,当密度由 375 株/m² 增大为 812 株/m² 时,风蚀率由原先的 13.70 g/(m²·min)降低到 9.77 g/(m²·min),降幅为 28.69%;当植株高度由 4 cm 增大为 13 cm 时,风蚀率由 14.47 g/(m²·min)降低到 7.85 g/(m²·min),降幅为 45.75%。针叶措施中,当密度由 256 株/m² 增大为 480 株/m² 时,风蚀率由 7.21 g/(m²·min)下降到 3.68 g/(m²·min),降幅为 48.96%;当植株高度由 3.5 cm 增加到 9.5 cm 时,风蚀率由 11.00 g/(m²·min)下降到 3.52 g/(m²·min),降幅达 68.00%。灌木措施下,当密度由 400 株/m² 增大为 933 株/m² 时,风蚀率由 12.29 g/(m²·min)下降至 5.80 g/(m²·min),降幅达 52.81%;当株高由 0.5 cm 上升至 2 cm 时,风蚀率由 8.26 g/(m²·min)下降至 7.10 g/(m²·min),降幅达 14.03%。此外,随着草本盖度的增大,风蚀率呈下

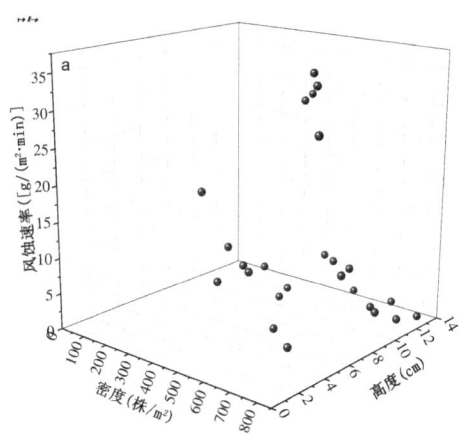

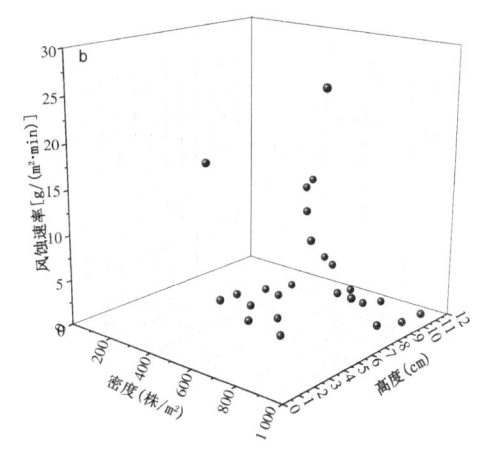

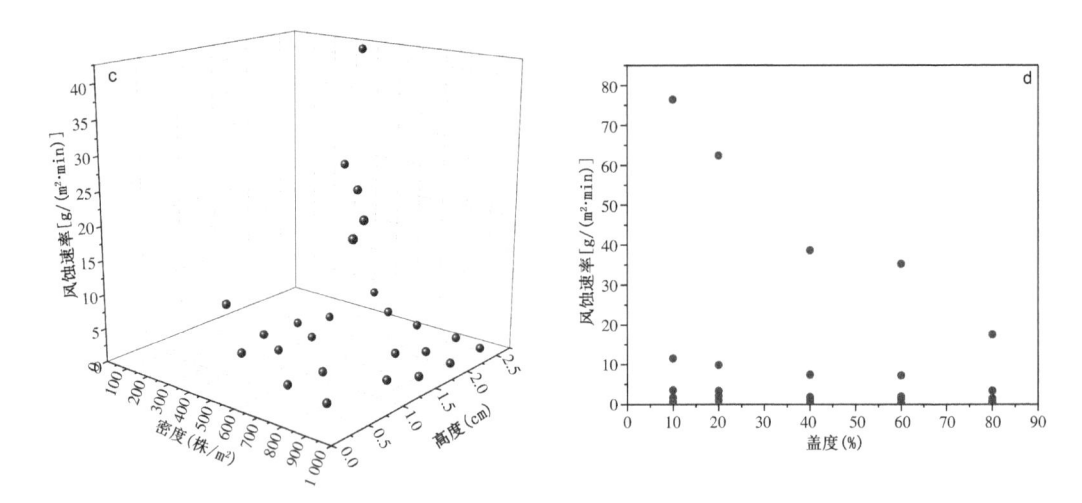

（a、b、c 和 d 分别是阔叶措施、针叶措施、灌木措施下和草本措施下风蚀率随植被结构指标的变化情况）

图 5.17 植被结构与风蚀率的关系

趋势，尤其是在高风速条件下，该趋势更加明显。当草本盖度由 10% 上升至 80% 时，风蚀率由 18.77 g/(m²·min) 下降至 4.70 g/(m²·min)，降幅为 74.96%。

由图 5.18 可知，不同组合结构对风蚀率的影响不同。阔叶措施与针叶措施混交时，混交比例为 2:1 时，风蚀率最小，为 6.21 g/(m²·min)；行间混交时，风蚀率最小，为 6.11 g/(m²·min)。阔叶措施与灌木混交时，混交比例为 2:1 时，风蚀率最小，为 6.59 g/(m²·min)；混交方式为块状混交时，风蚀率最小，为 6.81 g/(m²·min)。针叶措施与阔叶措施混交时，混交比例为 2:1 时，风蚀率最小，为 4.72 g/(m²·min)；混交方式为行间混交时，风蚀率最小，为 4.41 g/(m²·min)。针叶措施与灌木混交时，混交比例为 2:1 时，风蚀率最小，为 2.99 g/(m²·min)，混交方式为行间混交时，风蚀率最小，为 4.28 g/(m²·min)。阔叶措施与灌木草混交时，草本盖度为 80% 时，风蚀率最小，为 3.03 g/(m²·min)；混交比例为 2:1 和 3:1 时，风蚀率相差不大，都小于混交比例为 1:1 的；混交方式为株间混交时，风蚀率最小，为 4.65 g/(m²·min)。针叶措施与灌草混交时，草本盖度为 80% 时，风蚀率最小，为 4.79 g/(m²·min)；混交比例为 3:1 时，风蚀率最小，为 5.71 g/(m²·min)；混交方式为块状和行间时，风蚀率相差不大，均小于株间混交方式。

由图 5.19 可知，覆盖措施下，盖度分别为 10%、20%、40%、60%、80% 时，对应的风蚀率分别是 8.50 g/(m²·min)、5.53 g/(m²·min)、3.91 g/(m²·min)、

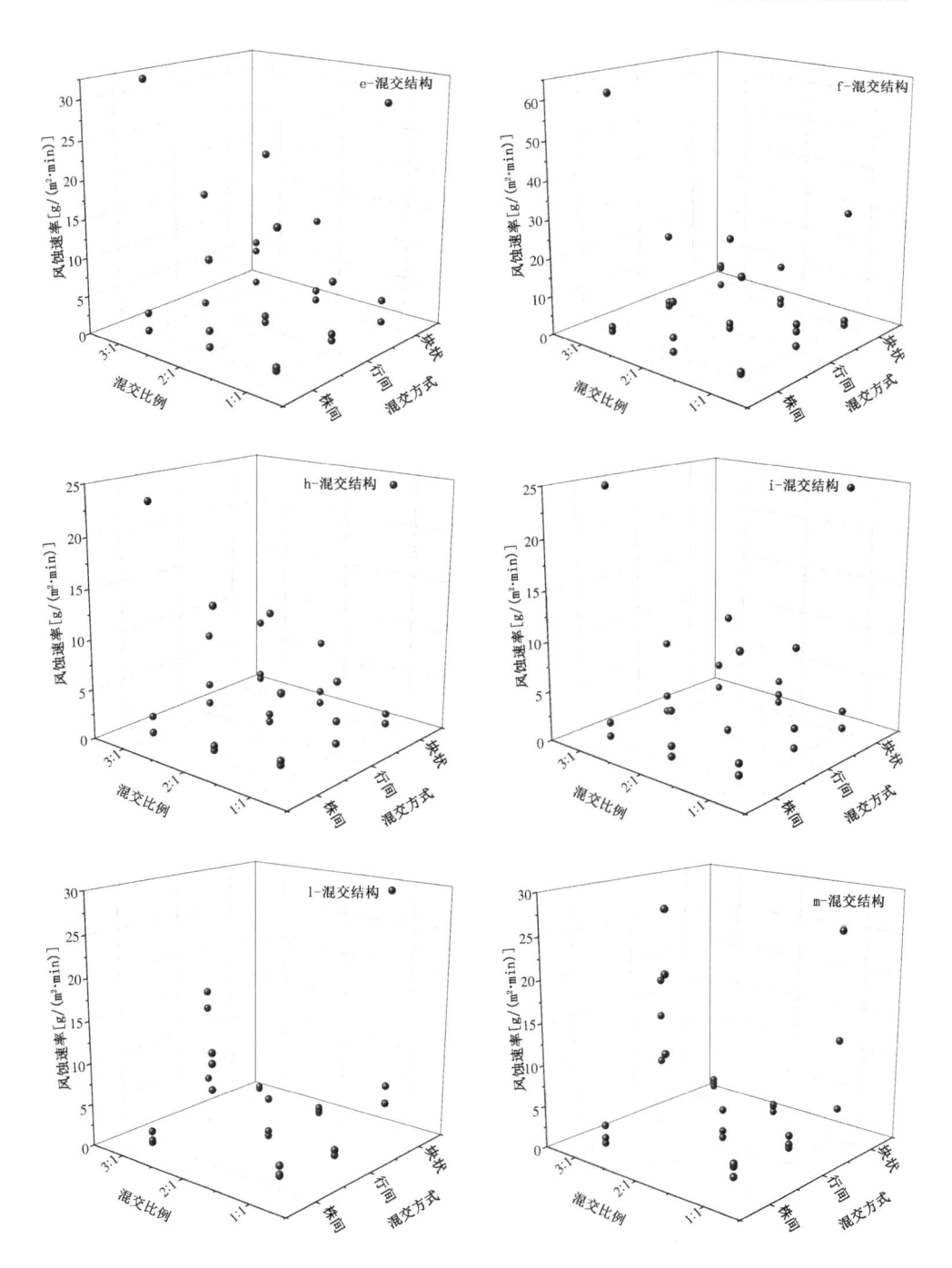

(e、f、h、i、l 和 m 分别是阔叶针叶组合、阔叶灌木组合、针叶阔叶组合、针叶灌木组合、阔叶灌木草组合和针叶灌木草组合措施下风蚀率植被组合指标的变化情况)

图 5.18　植被组合措施下风蚀率的变化情况

2.72 g/(m²·min)、1.06 g/(m²·min),即植被盖度与风蚀率之间存在负相关关系。留茬措施下,当茬密度由 500 株/m² 增加到 2 500 株/m² 时,风蚀率由 10.65 g/(m²·min)下降至 1.52 g/(m²·min),降幅为 85.73%;留茬高度从 1 cm 升高至 3 cm 时,风蚀率由 12.95 g/(m²·min)下降为 2.65 g/(m²·min),降幅为 79.54%。在留茬覆盖组合措施中,盖度由 10% 升高到 80% 时,风蚀率由 7.33 g/(m²·min)下降为 2.39 g/(m²·min),降幅为 67.40%;而留茬高度为 2 cm 时,风蚀率最小,为 2.73 g/(m²·min);密度由 119 株/m² 增加到 663 株/m² 时,风蚀率由 15.01 g/(m²·min)下降到 3.18 g/(m²·min),降幅为 78.81%。

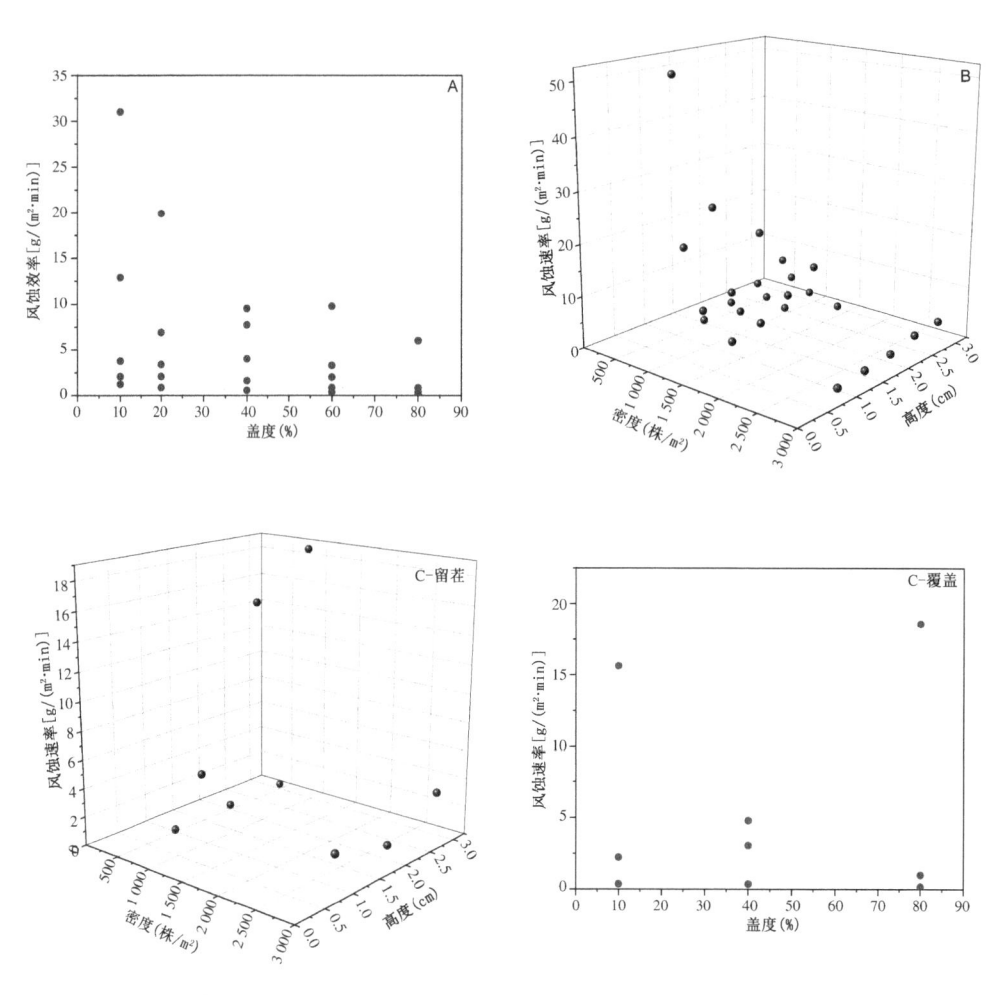

(A、B 和 C 分别是残茬覆盖、留茬和残茬覆盖及留茬组合措施下的风蚀率随结构指标的变化情况)

图 5.19 保护性耕作措施下风蚀率的变化情况

5.3 土壤风蚀定量化分析

5.3.1 土壤转移量定量分析

(1) 模型分析与评价

① 模型基本原理

RWEQ 模型原理基于牛顿第一定律。如果侵蚀性风力大于受到的阻力(地表粗糙度、土壤抗蚀性、土壤湿度、植被及作物残茬覆盖等),松散易蚀的土壤颗粒就会发生位置移动。如果受到的阻力大于风力,那么土壤颗粒位置就不会发生变化。在 RWEQ 模型中,除非降雨、降雪等因素导致土壤水分含量较高或者风速大小低于可蚀性土壤颗粒位置发生移动所需的风速条件,否则就会导致土壤风蚀的发生。基于 RWEQ 建模原理——牛顿第一定律,Bagnold 等(1941)和 Fryrear 等(1998)对水平方向上的土壤转移量进行分析,提出了如下风沙转移方程:

$$Q_{i+1} = Q_i + \left(\frac{Q_{max} - Q_i}{s}\right)\frac{2x}{s}\Delta x \tag{5-6}$$

式中,Q_{i+1} 为下风口土壤转移量(kg/m),Q_i 为上风口土壤转移量(kg/m),Q_{max} 为最大土壤转移量(kg/m),s 为转移量达到 Q_{max} 的 63.2% 的地块长度(m),x 为到上风口的距离(m),Δx 为上风口到下风口的距离(m)。

对式(5-6)进行积分得出:

$$\text{soilloss} = \frac{2x}{s^2} Q_{max} e^{-\left(\frac{x}{s}\right)^2} \tag{5-7}$$

式中,soilloss 为土壤损失量(kg/m²)。

RWEQ 模型建立时与每个田块相对应的每个点上的搬运量 Q_x,用公式 (5-8) 来描述:

$$\frac{Q_x}{Q_{max}} = 1 - e^{-\left(\frac{x}{s}\right)^2} \tag{5-8}$$

这样式(5-8)中仅有两个未知量 s 和 Q_{max}。RWEQ 模型开发者通过大量的

实测数据拟合出 s 和 Q_{max} 的计算表达式：

$$Q_{max}=109.8(WF\times EF\times SCF\times K'\times COG) \tag{5-9}$$

$$s=150.71(WF\times EF\times SCF\times K'\times COG)^{-0.371\,1} \tag{5-10}$$

式中，WF 为气象因子，EF 为土壤可蚀性成分，SCF 为土壤结皮因子，K' 为土壤粗糙度，COG 为综合植被因子。

图 5.20 为 RWEQ 模型计算流程图。图中，CC 为碳酸钙含量，SL 为土壤粉粒含量，SA 为土壤砂粒含量，CL 为土壤黏粒含量，OM 为土壤有机质含量，SLR_f 为土表倒放残茬或枯萎植株的土壤流失比率，SLR_s 为直立作物留茬或植株生长的土壤流失比率，SLR_c 为作物幼苗覆盖或植株幼苗覆盖的土壤流失比率，OR 为定向糙度因子，RR 自由糙度因子，N_d 为试验的天数，N 为风速的监测次数，SW 为土壤湿度因子，SD 为积雪覆盖因子。

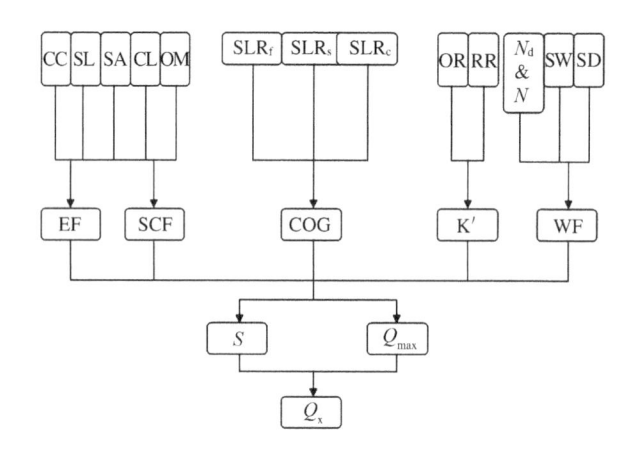

图 5.20　RWEQ 模型计算流程图

② RWEQ 模型中影响因子的计算方法

a. 气象因子

气象因子的计算公式如下：

$$WF=\frac{\sum_{i=1}^{N}WS_2(WS_2-WS_t)^2\times N_d\rho}{N\times g}\times SW\times SD \tag{5-11}$$

式中，WF 为气候因子(kg/m)；WS_2 为 2 m 高度处风速(m/s)；WS_t 为 2 m 高度处的临界风速(假定为 5 m/s)；N 为风速的监测次数(一般常指定为 500 次)；N_d 为试验天数(d)；ρ 为空气密度(kg/m^3)；g 为重力加速度(m/s^2)；SW 为土壤湿度因子，无量纲；SD 为积雪覆盖因子。

一般气候因子通过所测的 500 个(500 是描述一个地点风速分布的最小数量)风速来进行计算。其中的 SD 在本研究中取 1，SW 通过公式(5-12)计算求得。

$$SW = \frac{ET_p - (R+I)\dfrac{R_d}{N_d}}{ET_p} \tag{5-12}$$

式中，SW 为土壤湿度因子，ET_p 为潜在土壤蒸发量(mm)，R 为降雨量(mm)，I 为灌溉量(mm)，R_d 为降雨次数或灌溉天数，N_d 为试验天数(d)。

b. 土壤糙度因子

土壤糙度因子 K' 由自由糙度因子 RR 和定向糙度因子 OR 来决定，Ali Saleh 曾在总结前人研究的基础上提出了一种采用滚轴式链条来测定地表粗糙度的方法，本研究拟采用这种方法。该方法的基本原理就是：两点之间直线距离最短，而受微地形影响，链条两端距离将发生改变。当把一长度为 L_1 的链条放置于地表时，其长度将变化为 L_2，L_1 和 L_2 的差值与地表粗糙度密切相关，任意方向上的地表糙度(C_r)的计算公式详见式(3-3)。

由于本研究不涉及带垄地表，土壤糙度因子(K')与随机糙度 C_r 的回归方程为：

$$K' = e^{-0.124C_r} \tag{5-13}$$

c. 综合植被因子

地块中作物留茬、植株的数量以及株行距规格等都对土壤风蚀产生显著影响。用来衡量作物残茬以及植株对土壤风蚀作用影响的参数包括土表倒放残茬的地表覆盖率(SC)、直立作物留茬或植株生长的总体轮廓(SA)以及土表作物幼苗或植株幼苗的覆盖度(cc)。

土表倒放作物残茬或枯萎植株覆盖，可通过开展土壤风蚀实验研究，采用土壤流失比率来表示土表倒放残茬覆盖的作用，见式(5-14)。如果倒放作物残茬覆盖地表，则土壤风蚀量将减少。土表倒放残茬的覆盖率可用目估法或者样线法来计算。

$$SLR_f = e^{-0.0438(SC)} \tag{5-14}$$

式中，SLR_f 为土表倒放残茬或枯萎植株覆盖的土壤流失比率；SC 为倒放残茬的地表覆盖率(%)。

直立作物留茬或植株生长，可通过开展大量的室外定位监测和室内风洞模拟实验，对直立作物留茬或植株生长的密度、高度、冠幅宽度等进行研究，采用土壤流失比率来反映直立作物留茬或植株生长的总体轮廓，见式(5-15)。直立作物留茬或植株生长的总体轮廓采用主干或主茎的高度、冠幅宽度以及直立作物留茬或植株生长单位面积内的株数等指标。

$$SLR_s = e^{-0.0344(SA^{0.6413})} \tag{5-15}$$

式中，SLR_s 为直立作物留茬或植株生长的土壤流失比率；SA 为直立作物残茬或植株生长的当量面积，是 1 m² 内直立残茬或植株的株数乘以直径(cm)再乘以高度(cm)。

作物幼苗或植株幼苗可通过覆盖来保护土壤，采用作物幼苗覆盖或植株幼苗的比例计算得到的土壤流失量与土壤流失比率密切相关。作物幼苗覆盖或植株幼苗覆盖的土壤流失比率计算方法具体如下：

$$SLR_c = e^{-5.614(cc^{0.6413})} \tag{5-16}$$

式中，SLR_c 为作物幼苗覆盖或植株幼苗覆盖的土壤流失比率；cc 是土表植被覆盖度。

综合植被因子 COG 取决于土表倒放残茬或枯萎植株覆盖的土壤流失比率 SLR_f、直立作物留茬或植株生长的土壤流失比率 SLR_s 和作物幼苗覆盖或植株幼苗覆盖的土壤流失比率 SLR_c，在 RWEQ 模型中规定结合残茬因子 COG 为 SLR_f、SLR_s 和 SLR_c 这三者的乘积。

d. 土壤可蚀性成分(EF)和土壤结皮因子(SCF)

RWEQ 模型规定将粒径<0.84 mm 的土壤颗粒称为土壤可蚀性颗粒，并采用旋筛法来测定。Fryrear 等(1998)在美国主要风沙区采集了将近 3 000 个表层土壤样品，测定了土壤样品理化特性中与土壤风蚀密切相关的指标含量，并用旋

筛装置测定了土壤可蚀性成分含量;然后,建立了土壤主要理化特性指标值与土壤可蚀性成分之间的函数关系。这样,模型使用者就可以通过使用土壤调查得到的土壤理化性质数据来计算土壤可蚀性成分。土壤可蚀性成分计算公式具体如下:

$$EF = \frac{29.09 + 0.31Sa + 0.17Si + 0.33Sa/Cl - 2.59OM - 0.95CaCO_3}{100}$$

(5-17)

式中,Sa 为土壤砂粒含量(%),Si 为土壤粉粒含量(%),Cl 为土壤黏粒含量(%),Sa/Cl 为土壤砂粒与黏粒的比值,OM 为土壤有机质含量(%),$CaCO_3$ 为土壤碳酸钙含量(%)。

在雨水、降雪等事件发生后,表层土壤较容易产生结皮,它既有加快土壤侵蚀进程的可能,也有削弱土壤侵蚀强度的可能(Zobeck,1991)。RWEQ 模型使用中关于土壤结皮因子的计算方法具体如下:

$$SCF = \frac{1}{1 + 0.0066(Cl)^2 + 0.021(OM)^2}$$

(5-18)

需要指出的是上述计算公式均为回归分析求得,两个公式中各输入参数的变化范围详见表 5.13。

表 5.13　RWEQ 模型数据库中输入参数变化范围

输入参数	Sa	Si	Cl	Sa/Cl	OM	$CaCO_3$
变化范围(%)	5.5~93.6	0.5~69.5	5.0~39.3	1.2~53.0	0.18~4.79	0.0~25.2

③ RWEQ 模型应用与评价

RWEQ 模型最大的用途是估测地块尺度上任意地点的任一风蚀周期(最小为 1 d)、风蚀季节或年内转移土壤的量。虽然 RWEQ 模型是基于美国当地的实测数据资料建立的,但近年来的大量研究表明 RWEQ 模型在世界其他多个地区也同样适用。例如,Buschiazzo 和 Zobeck(2008)在阿根廷草原地区使用 RWEQ 模型并取得良好预测效果,Fryrear 等(2008)成功将 RWEQ 模型应用到埃及地区,Youssef 等(2012a)证明 RWEQ 模型在叙利亚地区也同样适用。RWEQ 模型是一个考虑了过程的经验模型,但是如果要将其应用到不同于美国大平原地区自然条件的地区,那么就需要对模型的主要参数进行修正。总结分析国内外研究后我们发现,大多数关于模型修正的研究多聚焦于风蚀预测的尺度转换问题以及简化风蚀参数获取方法等方面。而关于将其推广应用到草地、林地等的土壤风蚀预测预报则鲜有报道。RWEQ模型是一个比较成熟的风蚀模型,如能应用实验数据,对模型中的参数进行修正,很可能为我国风蚀量的预测和风蚀防治方案的制定提供强有力的科学依据。相较于更加先进的WEPS模型,RWEQ具有参数少、获取方便、操作简单的优点,更加适合于目前我国风蚀研究尚不系统的现状。

综上所述,本研究中,我们根据室内风洞模拟实验,开展不同植被结构与土壤风蚀间关系的研究,将该模型的COG因子扩展到林草措施中,最后定量化估算不同植被结构下的土壤风蚀排放情况。

(2) 模型参数修正的可行性分析

针对不同的覆被措施,其当量面积SA和地表覆盖度SC的测量结果详见表5.14至表5.29。

将表5.14至表5.29中SA和SC的测量结果代入公式中可分别求得各种措施下的直立部分土壤流失率SLR_s、倒放部分土壤流失率SLR_f、结合残茬因子COG,以及通过实验测量得到的直立部分土壤流失率$SLR_{s实}$、倒放部分土壤流失率$SLR_{f实}$、结合残茬因子$COG_{实}$,分别见表5.14至表5.29。

表5.14 阔叶措施下结合残茬因子参数测量结果汇总表

措施编号	密度(株/m²)	SA(cm²/m²)	SC(%)	$SLR_{s实}$	$SLR_{f实}$	$COG_{实}$	SLR_s	SLR_f	COG
a	812	351.0	0	0.12	1	0.12	0.23	1	0.23
a	812	294.1	0	0.15	1	0.15	0.27	1	0.27
a	812	251.9	0	0.31	1	0.31	0.30	1	0.30
a	812	235.6	0	0.47	1	0.47	0.32	1	0.32
a	812	152.8	0	0.39	1	0.39	0.42	1	0.42
a	712	307.8	0	0.14	1	0.14	0.26	1	0.26
a	712	257.9	0	0.17	1	0.17	0.30	1	0.30
a	712	220.9	0	0.38	1	0.38	0.33	1	0.33
a	712	206.6	0	0.45	1	0.45	0.35	1	0.35

续表

措施编号	密度(株/m²)	SA(cm²/m²)	SC(%)	SLR$_{s实}$	SLR$_{f实}$	COG$_{实}$	SLR$_s$	SLR$_f$	COG
a	712	134.0	0	0.46	1	0.46	0.45	1	0.45
a	562	243.0	0	0.12	1	0.12	0.31	1	0.31
a	562	203.6	0	0.31	1	0.31	0.35	1	0.35
a	562	174.4	0	0.45	1	0.45	0.39	1	0.39
a	562	163.1	0	0.30	1	0.30	0.41	1	0.41
a	562	105.8	0	0.91	1	0.91	0.50	1	0.50
a	437	189.0	0	0.24	1	0.24	0.37	1	0.37
a	437	158.4	0	0.38	1	0.38	0.41	1	0.41
a	437	135.6	0	0.46	1	0.46	0.45	1	0.45
a	437	126.9	0	0.76	1	0.76	0.46	1	0.46
a	437	82.3	0	0.59	1	0.59	0.56	1	0.56
a	375	162.0	0	0.38	1	0.38	0.41	1	0.41
a	375	135.8	0	0.31	1	0.31	0.45	1	0.45
a	375	116.3	0	0.53	1	0.53	0.48	1	0.48
a	375	108.8	0	0.79	1	0.79	0.50	1	0.50
a	375	70.5	0	0.81	1	0.81	0.59	1	0.59

表5.15 针叶措施下结合残茬因子参数测量结果汇总表

措施编号	密度(株/m²)	SA(cm²/m²)	SC(%)	SLR$_{s实}$	SLR$_{f实}$	COG$_{实}$	SLR$_s$	SLR$_f$	COG
b	933	4 435.2	0	0.04	1	0.04	0.00	1	0.00
b	933	3 209.7	0	0.06	1	0.06	0.00	1	0.00
b	933	2 170.0	0	0.17	1	0.17	0.01	1	0.01
b	933	1 488.7	0	0.27	1	0.27	0.02	1	0.02
b	933	614.1	0	0.52	1	0.52	0.12	1	0.12
b	750	3 564.0	0	0.05	1	0.05	0.00	1	0.00
b	750	2 579.3	0	0.13	1	0.13	0.00	1	0.00
b	750	1 743.8	0	0.17	1	0.17	0.02	1	0.02
b	750	1 196.3	0	0.20	1	0.20	0.04	1	0.04
b	750	493.5	0	0.33	1	0.33	0.16	1	0.16
b	600	2 851.2	0	0.07	1	0.07	0.00	1	0.00

续表

措施编号	密度(株/m²)	SA(cm²/m²)	SC(%)	SLR$_{s实}$	SLR$_{f实}$	COG$_{实}$	SLR$_s$	SLR$_f$	COG
b	600	2 063.4	0	0.21	1	0.21	0.01	1	0.01
b	600	1 395.0	0	0.22	1	0.22	0.03	1	0.03
b	600	957.0	0	0.20	1	0.20	0.06	1	0.06
b	600	394.8	0	0.35	1	0.35	0.20	1	0.20
b	467	2 217.6	0	0.17	1	0.17	0.01	1	0.01
b	467	1 604.9	0	0.24	1	0.24	0.02	1	0.02
b	467	1 085.0	0	0.24	1	0.24	0.05	1	0.05
b	467	744.3	0	0.24	1	0.24	0.09	1	0.09
b	467	307.1	0	0.41	1	0.41	0.26	1	0.26
b	400	1 900.8	0	0.23	1	0.23	0.01	1	0.01
b	400	1 375.6	0	0.13	1	0.13	0.03	1	0.03
b	400	930.0	0	0.24	1	0.24	0.06	1	0.06
b	400	638.0	0	0.27	1	0.27	0.11	1	0.11
b	400	263.2	0	0.83	1	0.83	0.29	1	0.29

表5.16 灌木措施下结合残茬因子参数测量结果汇总表

措施编号	密度(株/m²)	SA(cm²/m²)	SC(%)	SLR$_{s实}$	SLR$_{f实}$	COG$_{实}$	SLR$_s$	SLR$_f$	COG
c	933	233.3	0	0.09	1	0.09	0.32	1	0.32
c	933	186.7	0	0.09	1	0.09	0.37	1	0.37
c	933	140.0	0	0.16	1	0.16	0.44	1	0.44
c	933	93.3	0	0.18	1	0.18	0.53	1	0.53
c	933	46.7	0	0.24	1	0.24	0.67	1	0.67
c	833	208.3	0	0.18	1	0.18	0.35	1	0.35
c	833	166.7	0	0.18	1	0.18	0.40	1	0.40
c	833	125.0	0	0.20	1	0.20	0.47	1	0.47
c	833	83.3	0	0.24	1	0.24	0.56	1	0.56
c	833	41.7	0	0.22	1	0.22	0.69	1	0.69
c	666	166.7	0	0.21	1	0.21	0.40	1	0.40
c	666	133.3	0	0.34	1	0.34	0.45	1	0.45
c	666	100.0	0	0.26	1	0.26	0.52	1	0.52

续表

措施编号	密度(株/m²)	SA(cm²/m²)	SC(%)	SLR$_{s实}$	SLR$_{f实}$	COG$_{实}$	SLR$_s$	SLR$_f$	COG
c	666	66.7	0	0.24	1	0.24	0.60	1	0.60
c	666	33.3	0	0.31	1	0.31	0.72	1	0.72
c	466	116.7	0	0.28	1	0.28	0.48	1	0.48
c	466	93.3	0	0.27	1	0.27	0.53	1	0.53
c	466	70.0	0	0.39	1	0.39	0.59	1	0.59
c	466	46.7	0	0.38	1	0.38	0.67	1	0.67
c	466	23.3	0	0.64	1	0.64	0.77	1	0.77
c	400	100.0	0	0.42	1	0.42	0.52	1	0.52
c	400	80.0	0	0.45	1	0.45	0.56	1	0.56
c	400	60.0	0	0.62	1	0.62	0.62	1	0.62
c	400	40.0	0	0.60	1	0.60	0.69	1	0.69
c	400	20.0	0	0.64	1	0.64	0.79	1	0.79

表5.17 草本措施下结合残茬因子参数测量结果汇总表

措施编号	密度(株/m²)	SA(cm²/m²)	SC(%)	SLR$_{s实}$	SLR$_{f实}$	COG$_{实}$	SLR$_s$	SLR$_f$	COG
d	0	0	80	1	0.28	0.28	1	0.03	0.03
d	0	0	80	1	0.31	0.31	1	0.03	0.03
d	0	0	80	1	0.29	0.29	1	0.03	0.03
d	0	0	80	1	0.16	0.16	1	0.03	0.03
d	0	0	80	1	0.15	0.15	1	0.03	0.03
d	0	0	60	1	0.38	0.38	1	0.07	0.07
d	0	0	60	1	0.53	0.53	1	0.07	0.07
d	0	0	60	1	0.39	0.39	1	0.07	0.07
d	0	0	60	1	0.35	0.35	1	0.07	0.07
d	0	0	60	1	0.30	0.30	1	0.07	0.07
d	0	0	40	1	0.42	0.42	1	0.17	0.17
d	0	0	40	1	0.43	0.43	1	0.17	0.17
d	0	0	40	1	0.38	0.38	1	0.17	0.17
d	0	0	40	1	0.36	0.36	1	0.17	0.17
d	0	0	40	1	0.33	0.33	1	0.17	0.17

续表

措施编号	密度(株/m²)	SA(cm²/m²)	SC(%)	SLR$_{s实}$	SLR$_{f实}$	COG$_{实}$	SLR$_s$	SLR$_f$	COG
d	0	0	20	1	0.75	0.75	1	0.42	0.42
d	0	0	20	1	0.83	0.83	1	0.42	0.42
d	0	0	20	1	0.67	0.67	1	0.42	0.42
d	0	0	20	1	0.47	0.47	1	0.42	0.42
d	0	0	20	1	0.53	0.53	1	0.42	0.42
d	0	0	10	1	0.54	0.54	1	0.65	0.65
d	0	0	10	1	0.67	0.67	1	0.65	0.65
d	0	0	10	1	0.71	0.71	1	0.65	0.65
d	0	0	10	1	0.55	0.55	1	0.65	0.65
d	0	0	10	1	0.65	0.65	1	0.65	0.65

表 5.18 阔叶+针叶措施下结合残茬因子参数测量结果汇总表

措施编号	密度(株/m²)	SA(cm²/m²)	SC(%)	SLR$_{s实}$	SLR$_{f实}$	COG$_{实}$	SLR$_s$	SLR$_f$	COG
e	812	4 386.6	0	0.03	1	0.03	0.00	1	0.00
e	812	4 386.6	0	0.06	1	0.06	0.00	1	0.00
e	812	4 386.6	0	0.07	1	0.07	0.00	1	0.00
e	812	2 140.9	0	0.15	1	0.15	0.01	1	0.01
e	812	2 140.9	0	0.12	1	0.12	0.01	1	0.01
e	812	2 140.9	0	0.15	1	0.15	0.01	1	0.01
e	812	573.0	0	0.23	1	0.23	0.13	1	0.13
e	812	573.0	0	0.15	1	0.15	0.13	1	0.13
e	812	573.0	0	0.38	1	0.38	0.13	1	0.13
e	562	2 240.3	0	0.06	1	0.06	0.01	1	0.01
e	562	2 240.3	0	0.11	1	0.11	0.01	1	0.01
e	562	2 240.3	0	0.08	1	0.08	0.01	1	0.01
e	562	1 267.3	0	0.18	1	0.18	0.03	1	0.03
e	562	1 267.3	0	0.21	1	0.21	0.03	1	0.03
e	562	1 267.3	0	0.15	1	0.15	0.03	1	0.03
e	562	1 173.0	0	0.21	1	0.21	0.04	1	0.04
e	562	1 173.0	0	0.30	1	0.30	0.04	1	0.04

续表

措施编号	密度(株/m²)	SA(cm²/m²)	SC(%)	SLR$_{s实}$	SLR$_{f实}$	COG$_{实}$	SLR$_s$	SLR$_f$	COG
e	562	1 173.0	0	0.15	1	0.15	0.04	1	0.04
e	375	1 486.3	0	0.16	1	0.16	0.02	1	0.02
e	375	1 486.3	0	0.15	1	0.15	0.02	1	0.02
e	375	1 486.3	0	0.15	1	0.15	0.02	1	0.02
e	375	1 414.1	0	0.24	1	0.24	0.03	1	0.03
e	375	1 414.1	0	0.22	1	0.22	0.03	1	0.03
e	375	1 414.1	0	0.24	1	0.24	0.03	1	0.03
e	375	426.2	0	0.42	1	0.42	0.19	1	0.19
e	375	426.2	0	0.15	1	0.15	0.19	1	0.19
e	375	426.2	0	0.47	1	0.47	0.19	1	0.19

表5.19 阔叶+灌木措施下结合残茬因子参数测量结果汇总表

措施编号	密度(株/m²)	SA(cm²/m²)	SC(%)	SLR$_{s实}$	SLR$_{f实}$	COG$_{实}$	SLR$_s$	SLR$_f$	COG
f	812	3 467.4	0	0.08	1	0.08	0.00	1	0.00
f	812	3 467.4	0	0.07	1	0.07	0.00	1	0.00
f	812	3 467.4	0	0.08	1	0.08	0.00	1	0.00
f	812	1 551.9	0	0.12	1	0.12	0.02	1	0.02
f	812	1 551.9	0	0.11	1	0.11	0.02	1	0.02
f	812	1 551.9	0	0.15	1	0.15	0.02	1	0.02
f	812	327.3	0	0.31	1	0.31	0.24	1	0.24
f	812	327.3	0	0.37	1	0.37	0.24	1	0.24
f	812	327.3	0	0.39	1	0.39	0.24	1	0.24
f	562	1 633.1	0	0.09	1	0.09	0.02	1	0.02
f	562	1 633.1	0	0.09	1	0.09	0.02	1	0.02
f	562	1 633.1	0	0.08	1	0.08	0.02	1	0.02
f	562	1 181.2	0	0.11	1	0.11	0.04	1	0.04
f	562	1 181.2	0	0.26	1	0.26	0.04	1	0.04
f	562	1 181.2	0	0.23	1	0.23	0.04	1	0.04
f	562	328.9	0	0.31	1	0.31	0.24	1	0.24
f	562	328.9	0	0.32	1	0.32	0.24	1	0.24

续表

措施编号	密度(株/m²)	SA(cm²/m²)	SC(%)	SLR$_{s实}$	SLR$_{f实}$	COG$_{实}$	SLR$_s$	SLR$_f$	COG
f	562	328.9	0	0.15	1	0.15	0.24	1	0.24
f	375	1 410.3	0	0.18	1	0.18	0.03	1	0.03
f	375	1 410.3	0	0.07	1	0.07	0.03	1	0.03
f	375	1 410.3	0	0.15	1	0.15	0.03	1	0.03
f	375	570.0	0	0.32	1	0.32	0.13	1	0.13
f	375	570.0	0	0.24	1	0.24	0.13	1	0.13
f	375	570.0	0	0.12	1	0.12	0.13	1	0.13
f	375	226.8	0	0.80	1	0.80	0.33	1	0.33
f	375	226.8	0	0.40	1	0.40	0.33	1	0.33
f	375	226.8	0	0.49	1	0.49	0.33	1	0.33

表 5.20　阔叶+草措施下结合残茬因子参数测量结果汇总表

措施编号	密度(株/m²)	SA(cm²/m²)	SC(%)	COG$_{实}$	SLR$_s$	SLR$_f$	COG
g	812	4 563.0	80	0.04	0.00	0.03	0.00
g	812	2 266.9	40	0.06	0.01	0.17	0.00
g	812	611.0	10	0.50	0.12	0.65	0.08
g	562	3 159.0	40	0.06	0.00	0.17	0.00
g	562	1 569.4	10	0.24	0.02	0.65	0.01
g	562	423.0	80	0.22	0.19	0.03	0.01
g	437	2 106.0	10	0.41	0.01	0.65	0.00
g	437	1 046.3	80	0.08	0.04	0.03	0.00
g	437	282.0	40	0.45	0.24	0.17	0.04

表 5.21　针叶+阔叶措施下结合残茬因子参数测量结果汇总表

措施编号	密度(株/m²)	SA(cm²/m²)	SC(%)	SLR$_{s实}$	SLR$_{f实}$	COG$_{实}$	SLR$_s$	SLR$_f$	COG
h	933	4 636.8	0	0.07	1	0.07	0.00	1	0.00
h	933	4 636.8	0	0.13	1	0.13	0.00	1	0.00
h	933	4 636.8	0	0.14	1	0.14	0.00	1	0.00
h	933	2 315.3	0	0.13	1	0.13	0.01	1	0.01
h	933	2 315.3	0	0.22	1	0.22	0.01	1	0.01

续表

措施编号	密度(株/m²)	SA(cm²/m²)	SC(%)	SLR$_{s实}$	SLR$_{f实}$	COG$_{实}$	SLR$_s$	SLR$_f$	COG
h	933	2 315.3	0	0.13	1	0.13	0.01	1	0.01
h	933	658.0	0	0.27	1	0.27	0.11	1	0.11
h	933	658.0	0	0.36	1	0.36	0.11	1	0.11
h	933	658.0	0	0.45	1	0.45	0.11	1	0.11
h	600	2 262.6	0	0.23	1	0.23	0.01	1	0.01
h	600	2 262.6	0	0.13	1	0.13	0.01	1	0.01
h	600	2 262.6	0	0.10	1	0.10	0.01	1	0.01
h	600	1 159.1	0	0.23	1	0.23	0.04	1	0.04
h	600	1 159.1	0	0.15	1	0.15	0.04	1	0.04
h	600	1 159.1	0	0.26	1	0.26	0.04	1	0.04
h	600	1 386.4	0	0.14	1	0.14	0.03	1	0.03
h	600	1 386.4	0	0.22	1	0.22	0.03	1	0.03
h	600	1 386.4	0	0.14	1	0.14	0.03	1	0.03
h	400	1 367.5	0	0.27	1	0.27	0.03	1	0.03
h	400	1 367.5	0	0.19	1	0.19	0.03	1	0.03
h	400	1 367.5	0	0.23	1	0.23	0.03	1	0.03
h	400	1 588.2	0	0.15	1	0.15	0.02	1	0.02
h	400	1 588.2	0	0.17	1	0.17	0.02	1	0.02
h	400	1 588.2	0	0.18	1	0.18	0.02	1	0.02
h	400	476.4	0	0.42	1	0.42	0.17	1	0.17
h	400	476.4	0	0.50	1	0.50	0.17	1	0.17
h	400	476.4	0	0.23	1	0.23	0.17	1	0.17

表5.22 针叶+灌木措施下结合残茬因子参数测量结果汇总表

措施编号	密度(株/m²)	SA(cm²/m²)	SC(%)	SLR$_{s实}$	SLR$_{f实}$	COG$_{实}$	SLR$_s$	SLR$_f$	COG
i	933	3 384.7	0	0.05	1	0.05	0.00	1	0.00
i	933	3 384.7	0	0.06	1	0.06	0.00	1	0.00
i	933	3 384.7	0	0.06	1	0.06	0.00	1	0.00
i	933	1 490.3	0	0.07	1	0.07	0.02	1	0.02
i	933	1 490.3	0	0.07	1	0.07	0.02	1	0.02

续表

措施编号	密度(株/m²)	SA (cm²/m²)	SC(%)	SLR$_{s实}$	SLR$_{f实}$	COG$_{实}$	SLR$_s$	SLR$_f$	COG
i	933	1 490.3	0	0.06	1	0.06	0.02	1	0.02
i	933	330.4	0	0.33	1	0.33	0.24	1	0.24
i	933	330.4	0	0.32	1	0.32	0.24	1	0.24
i	933	330.4	0	0.45	1	0.45	0.24	1	0.24
i	600	1 470.6	0	0.10	1	0.10	0.02	1	0.02
i	600	1 470.6	0	0.20	1	0.20	0.02	1	0.02
i	600	1 470.6	0	0.08	1	0.08	0.02	1	0.02
i	600	1 053.8	0	0.18	1	0.18	0.05	1	0.05
i	600	1 053.8	0	0.14	1	0.14	0.05	1	0.05
i	600	1 053.8	0	0.14	1	0.14	0.05	1	0.05
i	600	313.2	0	0.16	1	0.16	0.25	1	0.25
i	600	313.2	0	0.22	1	0.22	0.25	1	0.25
i	600	313.2	0	0.33	1	0.33	0.25	1	0.25
i	400	1 273.9	0	0.09	1	0.09	0.03	1	0.03
i	400	1 273.9	0	0.09	1	0.09	0.03	1	0.03
i	400	1 273.9	0	0.14	1	0.14	0.03	1	0.03
i	400	515.0	0	0.23	1	0.23	0.15	1	0.15
i	400	515.0	0	0.15	1	0.15	0.15	1	0.15
i	400	515.0	0	0.25	1	0.25	0.15	1	0.15
i	400	212.4	0	0.45	1	0.45	0.34	1	0.34
i	400	212.4	0	0.35	1	0.35	0.34	1	0.34
i	400	212.4	0	0.37	1	0.37	0.34	1	0.34

表5.23 针叶+草措施下结合残茬因子参数测量结果汇总表

措施编号	密度(株/m²)	SA(cm²/m²)	SC(%)	COG$_{实}$	SLR$_s$	SLR$_f$	COG
j	933	4 435.2	80	0.05	0.00	0.03	0.00
j	933	2 170.0	40	0.11	0.01	0.17	0.00
j	933	614.1	10	0.22	0.12	0.65	0.08
j	600	2 851.2	40	0.10	0.00	0.17	0.00
j	600	1 395.0	10	0.15	0.03	0.65	0.02
j	600	394.8	80	0.17	0.20	0.03	0.01

续表

措施编号	密度(株/m²)	SA(cm²/m²)	SC(%)	COG实	SLR_s	SLR_f	COG
j	400	1 900.8	10	0.19	0.01	0.65	0.01
j	400	930.0	80	0.11	0.06	0.03	0.00
j	400	263.2	40	0.19	0.29	0.17	0.05

表5.24 灌木+草措施下结合残茬因子参数测量结果汇总表

措施编号	密度(株/m²)	SA(cm²/m²)	SC(%)	COG实	SLR_s	SLR_f	COG
k	933	233.3	80	0.07	0.32	0.03	0.01
k	933	140.0	40	0.19	0.44	0.17	0.08
k	933	46.7	10	0.37	0.67	0.65	0.43
k	666	166.7	40	0.15	0.40	0.17	0.07
k	666	100.0	10	0.23	0.52	0.65	0.33
k	666	33.3	80	0.18	0.72	0.03	0.02
k	400	100.0	10	0.22	0.52	0.65	0.33
k	400	60.0	80	0.19	0.62	0.03	0.02
k	400	20.0	40	0.32	0.79	0.17	0.14

表5.25 阔叶+灌木+草措施下结合残茬因子参数测量结果汇总表

措施编号	密度(株/m²)	SA(cm²/m²)	SC(%)	COG实	SLR_s	SLR_f	COG
l	812	3 467.4	80	0.02	0.00	0.03	0.00
l	812	3 109.7	80	0.04	0.00	0.03	0.00
l	812	2 394.2	80	0.05	0.01	0.03	0.00
l	812	1 727.9	40	0.07	0.02	0.17	0.00
l	812	1 551.9	40	0.08	0.02	0.17	0.00
l	812	1 199.9	40	0.08	0.04	0.17	0.01
l	812	467.7	10	0.27	0.17	0.65	0.11
l	812	420.9	10	0.36	0.19	0.65	0.12
l	812	327.3	10	0.38	0.24	0.65	0.16
l	562	2 384.7	10	0.19	0.01	0.65	0.00
l	562	2 134.1	10	0.15	0.01	0.65	0.01
l	562	1 633.1	10	0.12	0.02	0.65	0.01
l	562	1 181.2	80	0.07	0.04	0.03	0.00

续表

措施编号	密度(株/m²)	SA(cm²/m²)	SC(%)	COG$_实$	SLR$_s$	SLR$_f$	COG
l	562	1 055.6	80	0.10	0.05	0.03	0.00
l	562	804.5	80	0.11	0.08	0.03	0.00
l	562	351.9	40	0.21	0.23	0.17	0.04
l	562	328.9	40	0.23	0.24	0.17	0.04
l	562	282.9	40	0.19	0.28	0.17	0.05
l	375	1 595.8	40	0.11	0.02	0.17	0.00
l	375	1 410.3	40	0.12	0.03	0.17	0.00
l	375	1 062.4	40	0.14	0.05	0.17	0.01
l	375	813.4	10	0.13	0.08	0.65	0.05
l	375	728.8	10	0.17	0.09	0.65	0.06
l	375	570.0	10	0.25	0.13	0.65	0.09
l	375	226.8	80	0.11	0.33	0.03	0.01
l	375	206.8	80	0.15	0.35	0.03	0.01
l	375	169.1	80	0.24	0.40	0.03	0.01

表 5.26 针叶+灌木+草措施下结合残茬因子参数测量结果汇总表

措施编号	密度(株/m²)	SA(cm²/m²)	SC(%)	COG$_实$	SLR$_s$	SLR$_f$	COG
m	933	3 384.7	80	0.05	0.00	0.03	0.00
m	933	3 028.3	80	0.07	0.00	0.03	0.00
m	933	2 334.3	80	0.07	0.01	0.03	0.00
m	933	1 662.5	40	0.15	0.02	0.17	0.00
m	933	1 490.3	40	0.16	0.02	0.17	0.00
m	933	1 155.0	40	0.22	0.04	0.17	0.01
m	933	472.3	10	0.40	0.17	0.65	0.11
m	933	424.1	10	0.44	0.19	0.65	0.12
m	933	330.4	10	0.46	0.24	0.65	0.16
m	600	2 160.9	10	0.25	0.01	0.65	0.01
m	600	1 930.8	10	0.28	0.01	0.65	0.01
m	600	1 470.6	10	0.35	0.02	0.65	0.02
m	600	1 053.8	80	0.15	0.05	0.03	0.00
m	600	940.0	80	0.17	0.06	0.03	0.00

续表

措施编号	密度(株/m²)	SA(cm²/m²)	SC(%)	COG实	SLRs	SLRf	COG
m	600	712.5	80	0.18	0.10	0.03	0.00
m	600	333.6	40	0.33	0.24	0.17	0.04
m	600	313.2	40	0.32	0.25	0.17	0.04
m	600	272.4	40	0.32	0.29	0.17	0.05
m	400	1 430.6	40	0.23	0.03	0.17	0.00
m	400	1 273.9	40	0.24	0.03	0.17	0.01
m	400	960.4	40	0.31	0.06	0.17	0.01
m	400	722.5	10	0.29	0.10	0.65	0.06
m	400	653.3	10	0.53	0.11	0.65	0.07
m	400	515.0	10	0.54	0.15	0.65	0.10
m	400	212.4	80	0.33	0.34	0.03	0.01
m	400	195.5	80	0.40	0.36	0.03	0.01
m	400	161.6	80	0.38	0.41	0.03	0.01

表 5.27 残茬覆盖措施下结合残茬因子参数测量结果汇总表

措施编号	密度(株/m²)	SA(cm²/m²)	SC(%)	SLRs实	SLRf实	COG实	SLRs	SLRf	COG
A	0	0	10	1	0.52	0.52	1	0.65	0.65
A	0	0	10	1	0.25	0.25	1	0.65	0.65
A	0	0	10	1	0.22	0.22	1	0.65	0.65
A	0	0	10	1	0.36	0.36	1	0.65	0.65
A	0	0	10	1	0.33	0.33	1	0.65	0.65
A	0	0	20	1	0.25	0.25	1	0.42	0.42
A	0	0	20	1	0.20	0.20	1	0.42	0.42
A	0	0	20	1	0.19	0.19	1	0.42	0.42
A	0	0	20	1	0.21	0.21	1	0.42	0.42
A	0	0	20	1	0.36	0.36	1	0.42	0.42
A	0	0	40	1	0.23	0.23	1	0.17	0.17
A	0	0	40	1	0.22	0.22	1	0.17	0.17
A	0	0	40	1	0.10	0.10	1	0.17	0.17

措施编号	密度(株/m²)	SA(cm²/m²)	SC(%)	SLR$_{s实}$	SLR$_{f实}$	COG$_{实}$	SLR$_s$	SLR$_f$	COG
A	0	0	40	1	0.23	0.23	1	0.17	0.17
A	0	0	40	1	0.20	0.20	1	0.17	0.17
A	0	0	60	1	0.09	0.09	1	0.07	0.07
A	0	0	60	1	0.11	0.11	1	0.07	0.07
A	0	0	60	1	0.16	0.16	1	0.07	0.07
A	0	0	60	1	0.10	0.10	1	0.07	0.07
A	0	0	60	1	0.12	0.12	1	0.07	0.07
A	0	0	80	1	0.06	0.06	1	0.03	0.03
A	0	0	80	1	0.06	0.06	1	0.03	0.03
A	0	0	80	1	0.05	0.05	1	0.03	0.03
A	0	0	80	1	0.05	0.05	1	0.03	0.03
A	0	0	80	1	0.01	0.01	1	0.03	0.03

表5.28 留茬措施下结合残茬因子参数测量结果汇总表

措施编号	密度(株/m²)	SA(cm²/m²)	SC(%)	SLR$_{s实}$	SLR$_{f实}$	COG$_{实}$	SLR$_s$	SLR$_f$	COG
B	2500	276.25	0	0.17	1	0.17	0.28	1	0.28
B	1250	134.58	0	0.30	1	0.30	0.45	1	0.45
B	875	92.08	0	0.39	1	0.39	0.54	1	0.54
B	625	63.75	0	0.50	1	0.50	0.61	1	0.61
B	500	49.58	0	0.54	1	0.54	0.66	1	0.66
B	2500	414.38	0	0.12	1	0.12	0.19	1	0.19
B	1250	201.88	0	0.22	1	0.22	0.36	1	0.36
B	875	138.13	0	0.23	1	0.23	0.44	1	0.44
B	625	95.63	0	0.26	1	0.26	0.53	1	0.53
B	500	74.38	0	0.28	1	0.28	0.58	1	0.58
B	2500	552.50	0	0.09	1	0.09	0.14	1	0.14
B	1250	269.17	0	0.20	1	0.20	0.29	1	0.29

续表

措施编号	密度(株/m²)	SA(cm²/m²)	SC(%)	SLR$_{s实}$	SLR$_{f实}$	COG$_{实}$	SLR$_s$	SLR$_f$	COG
B	875	184.17	0	0.19	1	0.19	0.38	1	0.38
B	625	127.50	0	0.31	1	0.31	0.46	1	0.46
B	500	99.17	0	0.25	1	0.25	0.52	1	0.52
B	2 500	690.63	0	0.08	1	0.08	0.10	1	0.10
B	1 250	336.46	0	0.12	1	0.12	0.24	1	0.24
B	875	230.21	0	0.20	1	0.20	0.32	1	0.32
B	625	159.38	0	0.20	1	0.20	0.41	1	0.41
B	500	123.96	0	0.23	1	0.23	0.47	1	0.47
B	2 500	828.75	0	0.03	1	0.03	0.08	1	0.08
B	1 250	403.75	0	0.15	1	0.15	0.20	1	0.20
B	875	276.25	0	0.19	1	0.19	0.28	1	0.28
B	625	191.25	0	0.22	1	0.22	0.37	1	0.37
B	500	148.75	0	0.19	1	0.19	0.43	1	0.43

表5.29 残茬覆盖+留茬措施下结合残茬因子参数测量结果汇总表

措施编号	密度(株/m²)	SA(cm²/m²)	SC(%)	COG$_{实}$	SLR$_s$	SLR$_f$	COG
C	2 500	276.3	10	0.15	0.28	0.65	0.18
C	875	184.2	10	0.18	0.38	0.65	0.24
C	500	148.8	10	0.20	0.43	0.65	0.28
C	875	92.1	40	0.17	0.54	0.17	0.09
C	500	99.2	40	0.15	0.52	0.17	0.09
C	2 500	828.8	40	0.06	0.08	0.17	0.01
C	500	49.6	80	0.13	0.66	0.03	0.02
C	2 500	552.5	80	0.05	0.14	0.03	0.00
C	875	276.3	80	0.07	0.28	0.03	0.01

图5.21为农林草地风蚀率实测值与预测值的1∶1线图,从图中可以看出,风蚀率实测值和预测值的拟合效果较好,其公式为

$$\text{COG}_{实}=0.4535(\text{COG}_{预})^{0.2437}, R^2=0.5695, P<0.001 \quad (5-19)$$

$$\text{COG}_{预}=\text{SLR}_f \times \text{SLR}_s \quad (5-20)$$

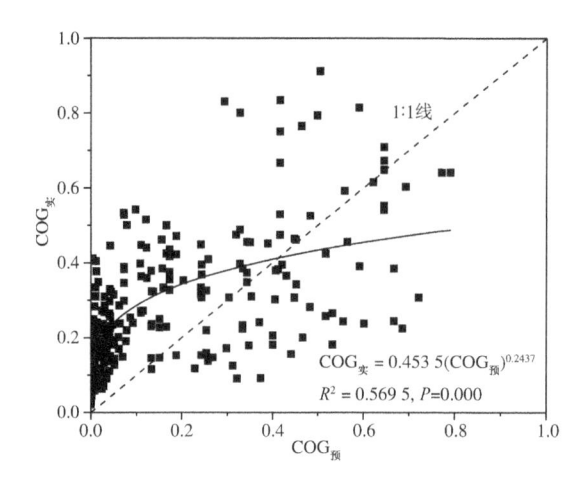

图 5.21　农林草地风蚀率实测值与预测值的 1∶1 线图

（3）RWEQ 模型在我国的适用性分析

D. W. Fryear 和 J. D. Bilbro 曾应用 RWEQ 模型预测了 45 个点上的风蚀量，得到了较为理想的预测值；S. M. Visser 等也试图应用这一模型对 Sahel 地区退化的农田、凹地及沙丘进行风蚀量的预测，然而结果表明，由于模型是在美国的自然条件下构建的，在别的国家测得的基本数据很多超出 RWEQ 模型参数库的范围，并未得到较为理想的预测值。本部分将应用我国风沙区的试验数据，对这一模型在我国的适用性进行验证，试验数据如见表 5.30。

表 5.30　风沙区试验数据表

日期	样地编号	WF(Kg/m)	K'	SCF	EF	COG
2018-04-20	8	1.96	0.58	0.79	0.59	0.32
2018-04-23	7	1.71	0.72	0.83	0.59	0.34
2018-04-25	6	1.70	0.61	0.83	0.62	0.39
2018-04-28	9	1.27	0.67	0.82	0.60	1.00
2018-04-30	4	1.62	0.76	0.92	0.73	0.31
2018-05-01	1	1.58	0.83	0.96	0.80	0.34
2018-05-02	3	1.43	0.81	0.93	0.73	0.31
2018-05-03	4	1.77	0.76	0.92	0.73	0.31
2018-05-05	5	1.92	0.74	0.97	0.83	1.00
2019-04-15	5	2.09	0.74	0.97	0.83	1.00
2019-04-17	1	1.63	0.83	0.96	0.80	0.34

续表

日期	样地编号	WF(Kg/m)	K'	SCF	EF	COG
2019-04-21	2	1.49	0.80	0.91	0.68	0.34
2019-04-22	3	1.57	0.81	0.93	0.73	0.31
2019-04-25	8	0.96	0.58	0.79	0.59	0.32
2019-04-26	4	2.05	0.76	0.92	0.73	0.31
2019-04-28	3	1.21	0.81	0.93	0.73	0.31
2019-04-30	4	1.04	0.76	0.92	0.73	0.31

将表中前 9 次试验的数据代入 RWEQ 模型中,得到的实测值和预测值见表 5.31,两者的对比如图 5.22 所示。

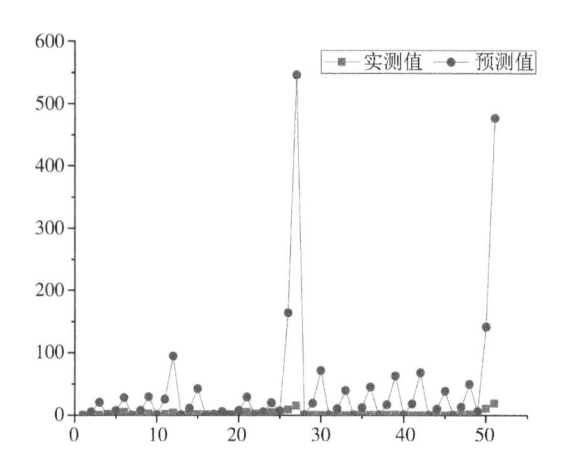

图 5.22 RWEQ 模型预测值与实测值对比图

由表 5.31 和图 5.22 可以看出 RWEQ 的预测值与实测值差异较大,预测平均值是实测值平均值的 40 倍左右,不能应用于我国的风蚀预测。产生这一现象的原因可能是我国的自然条件状况与美国有较大的差别,而试验区内并不存在这样的天然条件。鉴于此,要想引入这一模型,必须结合我国风蚀实际,对模型的参数和系数进行修正。

表 5.31 RWEQ 模型实测值与预测值对比表

采样时间	样地编号	x 值	实测值 Q(g/cm)	预测值 Q(g/cm)
2018-04-20	8	10	0.248	0.126
2018-04-20	8	50	0.310	3.127

续表

采样时间	样地编号	x 值	实测值 Q(g/cm)	预测值 Q(g/cm)
2018-04-20	8	100	0.806	12.081
2018-04-23	7	10	1.615	0.250
2018-04-23	7	50	3.273	6.165
2018-04-23	7	100	5.347	23.546
2018-04-25	6	10	0.504	0.580
2018-04-25	6	50	1.204	14.183
2018-04-25	6	100	2.490	53.126
2018-04-28	9	10	0.118	1.058
2018-04-28	9	50	2.036	25.722
2018-04-28	9	100	4.184	94.563
2018-04-30	4	10	0.399	0.248
2018-04-30	4	50	0.487	6.098
2018-04-30	4	100	1.350	23.297
2018-05-01	1	10	0.014	0.192
2018-05-01	1	50	0.041	4.739
2018-05-01	1	100	0.092	18.190
2018-05-02	3	10	0.010	0.694
2018-05-02	3	50	0.048	16.966
2018-05-02	3	100	0.128	63.224
2018-05-03	4	10	0.020	0.289
2018-05-03	4	50	0.739	7.113
2018-05-03	4	100	1.578	27.089
2018-05-05	5	10	3.128	5.994
2018-05-05	5	50	10.789	141.498
2018-05-05	5	100	19.230	476.536

(4) 改进后的 RWEQ 模型及试验验证

利用试验数据，以及 RWEQ 的理论分析结论，对模型的参数和系数进行修正，修正后的公式如下：

$$Q_x = 0.0407 \left[Q_{\max} \left(1 - e^{-\left(\frac{x}{s}\right)^2} \right) \right] + 0.068 \qquad (5-21)$$

式中，Q_x 为土壤转移量(kg)，Q_{max} 为最大土壤转移量(kg/m)，x 为到上风口的距离(m)，S 为转移量达到 Q_{max} 的 63.2% 的地块长度(m)。

对于乔木的 SA：

$$SA = \frac{1}{2} \times (C_1 \times h_1) + (h - h_1) \times C_2 \tag{5-22}$$

其中，C_1 为冠幅宽度(m)，h 为树高(m)，h_1 为冠层高度(m)，C_2 为胸径(m)。

对于灌木的 SA：

$$SA = \frac{n}{360} \times \pi R^2 \tag{5-23}$$

其中，n 为灌木纵截面圆心角的度数，R 为灌木的高度(m)。

对于留茬的 SA：

$$SA = C_3 \times h_3 \tag{5-24}$$

其中，C_3 为茬宽度(cm)，h_3 为茬高(cm)。

SC 为草本或残茬的盖度(%)。

将另外 8 个点上的 24 组数据代入模型中，预测数据见表 5.32。将表中实测值与预测值进行相关性分析和差异性检验(t 检验)，分别见图 5.23 和表 5.33。

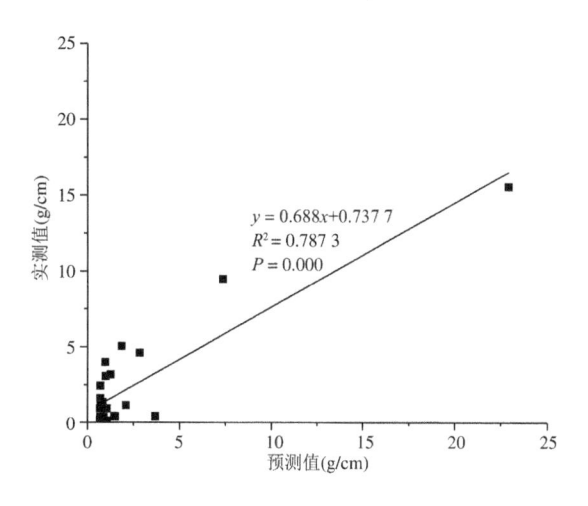

图 5.23 改进后模型的实测值与预测值相关分析图

表 5.32　改进后模型实测值与预测值对比表

采样时间	样地编号	x 值	实测值 Q_x (g/cm)	预测值 Q_x (g/cm)
2019-04-15	5	10	3.980	0.963
2019-04-15	5	50	9.468	7.349
2019-04-15	5	100	15.546	22.901
2019-04-17	1	10	0.166	0.688
2019-04-17	1	50	0.376	0.882
2019-04-17	1	100	0.427	1.456
2019-04-21	2	10	0.018	0.684
2019-04-21	2	50	0.035	0.777
2019-04-21	2	100	0.111	1.058
2019-04-22	3	10	0.266	0.713
2019-04-22	3	50	0.397	1.491
2019-04-22	3	100	0.407	3.686
2019-04-25	8	10	0.381	0.695
2019-04-25	8	50	0.924	1.052
2019-04-25	8	100	1.130	2.089
2019-04-26	4	10	0.941	0.681
2019-04-26	4	50	1.099	0.717
2019-04-26	4	100	1.347	0.824
2019-04-28	3	10	1.602	0.692
2019-04-28	3	50	3.060	0.986
2019-04-28	3	100	5.042	1.846
2019-04-30	4	10	2.423	0.703
2019-04-30	4	50	3.172	1.252
2019-04-30	4	100	4.609	2.823

表 5.33　实测值与预测值差异性检验表

观测值	自由度	a	t 值	t 临界	无明显差异
24	23	0.05	0.008	1.714	

从图 5.23 可以看出,改进后模型的预测值与实测值基本上吻合,相关系数在 0.78 以上,具有较为显著的相关性,用 t 检验法检验预测值与实测值的差异性,在 $a=0.05$ 的条件下,t 值为小于双尾检验条件下的 t 的临界值。说明两者没有明显差异。因此,可以说改进后的模型是成功的,能较好地应用于我国风沙区农林草地的土壤风蚀预测。

5.3.2 土壤风蚀量定量分析

结合 5.3.1 节中土壤转移量的定量分析过程,土壤风蚀量计算公式如下:

$$Q' = Q_x \times B \tag{5-25}$$

式中,Q' 为土壤风蚀量(kg),Q_x 为土壤转移量(kg/m),计算方法见式(5-21),B 为监测样地的边长(m)。

试验区各样地的土壤风蚀量分析结果如表 5.34 所示。

表 5.34　风沙区土壤风蚀量试验数据表

日期	样地编号	风蚀量(kg)	日期	样地编号	风蚀量(kg)
2018-04-20	8	8.64	2019-04-15	5	155.52
2018-04-23	7	53.28	2019-04-17	1	4.32
2018-04-25	6	24.48	2019-04-21	2	1.44
2018-04-28	9	41.76	2019-04-22	3	4.32
2018-04-30	4	12.96	2019-04-25	8	11.52
2018-05-01	1	1.44	2019-04-26	4	12.96
2018-05-02	3	1.44	2019-04-28	3	50.40
2018-05-03	4	15.84	2019-04-30	4	46.08
2018-05-05	5	192.96			

由表 5.34 可知,华北北部区域春季典型大风天气下,残茬覆盖措施下每公顷农田每天的土壤风蚀量为 24.48 kg,作物留茬措施下每公顷农田每天的土壤风蚀量为 53.28 kg,而留茬覆盖组合措施下每公顷农田每天的土壤风蚀量为 10.08 kg。留茬覆盖组合措施下农田风蚀量分别为残茬覆盖措施和作物留茬措施下的 41.18% 和 18.92%。

5.3.3 土壤风蚀率定量分析

结合5.3.2节中土壤风蚀量的定量分析过程和5.3.1节中土壤转移量的定量分析过程,土壤风蚀率的计算公式如下:

$$E = \frac{Q'}{S \times \Delta t} \qquad (5-26)$$

式中:E 为风蚀率[kg/(m²·min)];S 为监测样地的面积(m²);Δt 大风事件持续时长(min);Q' 为土壤风蚀量(kg),其计算公式见式(5-25)。

试验区各样地的土壤风蚀率分析结果如表5.35所示。

表5.35 风沙区土壤风蚀模数试验数据表

日期	样地编号	风蚀率[10^{-7} kg/(m²·min)]	日期	样地编号	风蚀率[10^{-7} kg/(m²·min)]
2018-04-20	8	6	2019-04-15	5	108
2018-04-23	7	37	2019-04-17	1	3
2018-04-25	6	17	2019-04-21	2	1
2018-04-28	9	29	2019-04-22	3	3
2018-04-30	4	9	2019-04-25	8	8
2018-05-01	1	1	2019-04-26	4	9
2018-05-02	3	1	2019-04-28	3	35
2018-05-03	4	11	2019-04-30	4	32
2018-05-05	5	134			

由表5.35可知,华北北部区域春季典型大风天气下,小叶杨纯林的土壤风蚀率为2×10^{-7} kg/(m²·min),樟子松纯林的土壤风蚀率为1×10^{-7} kg/(m²·min),柠条纯林的土壤风蚀率为13×10^{-7} kg/(m²·min),苜蓿草地的土壤风蚀率为15.25×10^{-7} kg/(m²·min),而裸露平坦农田的土壤风蚀率为121×10^{-7} kg/(m²·min)。裸露平坦农田的土壤风蚀率分别是樟子松纯林、小叶杨纯林、柠条纯林及苜蓿草地土壤风蚀率的121倍、60.5倍、9.31倍和7.93倍。

第六章

风蚀优化防控技术模式

本章基于上述研究构建的风蚀模型,对小叶杨、樟子松、柠条这三种华北北部地区典型主要植被措施以及留茬这一华北北部典型主要农田保护性耕作措施的土壤风蚀排放情况展开研究,探究在防治土壤风蚀及其颗粒物方面不同植被措施和保护性措施的阈值,以期为我国北方风沙区防治措施优化等环境保护政策的制定与实施提供技术支撑。

6.1 以减少土壤风蚀为目的的适宜植被结构优化

以北京地区和张北地区 2009—2019 年春季风况条件为例,华北北部典型区域春季以西北风向为主,约占 60.66%。多年日平均风速为 3.58 m/s,其中日均风速≤6 m/s 以上的天数占总天数的 94.75%。因此在 6 m/s 风速条件下,是探究该地区防控风蚀的最佳模式。

6.1.1 以减少土壤风蚀为目的的小叶杨植被结构优化

依据文献调研及实地调查,根据第四章中描述,小叶杨措施的生长指标如表 6.1 所示。

表 6.1 小叶杨措施的生长指标

措施名称	树高(m)	冠幅(m)	胸径(cm)	冠层高度(m)	密度(株/hm²)
小叶杨	4	2	18.8	2.4	812
	6	3	29	3.6	712
	9	4	31	5.4	562
	11	5.5	36.2	6.6	437
	13	6	43.2	7.8	375

利用表 6.1 中的生长指标值及 5.3.1 节中对应公式,计算出小叶杨措施在每种结构配置下的 COG 值(表 6.2)及 WF、K'、SCF 和 EF 值(表 6.3)。

表 6.2　各结构配置下小叶杨 COG 因子计算结果

编号	高度(m)	密度(株/hm²)	COG	编号	高度(m)	密度(株/hm²)	COG
1	4	812	0.141 4	14	9	437	0.059 6
2	4	712	0.155 4	15	9	375	0.072 2
3	4	562	0.180 6	16	11	812	0.007 0
4	4	437	0.207 1	17	11	712	0.009 8
5	4	375	0.223 1	18	11	562	0.016 8
6	6	812	0.063 6	19	11	437	0.027 4
7	6	712	0.074 6	20	11	375	0.035 8
8	6	562	0.096 1	21	13	812	0.003 3
9	6	437	0.121 0	22	13	712	0.004 9
10	6	375	0.137 2	23	13	562	0.009 2
11	9	812	0.022 2	24	13	437	0.016 4
12	9	712	0.028 3	25	13	375	0.022 5
13	9	562	0.041 8				

表 6.3　小叶杨措施下风蚀模型参数指标

措施	WF(kg/m)	K'	SCF	EF
小叶杨	0.79	0.83	0.96	0.8

小叶杨措施下结构指标与风蚀率对应情况如图 6.1 所示,不同小叶杨高度下土壤风蚀削减率随密度的拟合方程如表 6.4 所示。由图 6.1 可知,在小叶杨措施下,当树高为 4 m 时,树木密度分别由 375 株/hm² 增加到 437 株/hm²、由 437 株/hm² 增加到 562 株/hm²、由 562 株/hm² 增加到 712 株/hm²、由 712 株/hm² 增加到 812 株/hm² 时,对应风蚀率的相对削减率分别为 4.57%、7.38%、6.86%、3.73%,呈现出先增加后减小的趋势。树高为 4 m 时,由对应的拟合方程可知,当密度增加到 626 株/hm² 时,风蚀相对削减率达到最大,为 8.39%;当密度由 812 株/hm² 增加到 916 株/hm² 时,风蚀相对削减率接近 0。树高为 6 m

时,由对应的拟合方程可知,当密度增加到 623 株/hm² 时,风蚀相对削减率最大,为 7.31%;当密度增加到 945 株/hm² 时,风蚀相对削减率接近 0。树高为 9 m 时,由对应的拟合方程可知,当密度增加到 500 株/hm² 时,风蚀相对削减率最大,为 2.05%;当密度增加到 761 株/hm² 时,风蚀相对削减率接近 0。树高为 11 m 时,由对应的拟合方程可知,密度增加到 458 株/hm² 时,风蚀相对削减率最大,为 1.03%;当密度增加到 871 株/hm² 时,风蚀相对削减率接近 0。树高为 13 m 时,由对应的拟合方程可知,密度增加到 250 株/hm² 时,风蚀相对削减率最大,为 0.54%;当密度增加到 770 株/hm² 时,风蚀相对削减率接近 0。

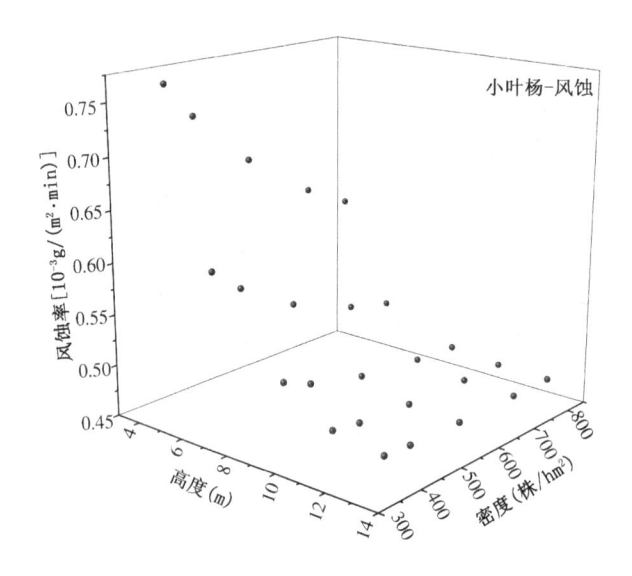

图 6.1 小叶杨措施下结构指标与风蚀率关系

表 6.4 不同小叶杨高度下土壤风蚀削减率随密度的拟合方程

树高(m)	拟合方程	R^2
4	$y = -0.0001x^2 + 0.1252x - 30.794$	0.9982
6	$y = -7 \times 10^{-5} x^2 + 0.0871x - 19.785$	0.9982
9	$y = -3 \times 10^{-5} x^2 + 0.03x - 5.4466$	0.9832
11	$y = -6 \times 10^{-6} x^2 + 0.0055x - 0.2343$	0.9790
13	$y = -2 \times 10^{-6} x^2 + 0.001x + 0.4169$	0.9810

6.1.2 以减少土壤风蚀为目的的樟子松植被结构优化

依据文献调研及实地调查,根据第四章中描述,樟子松措施的生长指标如表6.5所示。

表6.5 樟子松措施的生长指标

措施名称	树高(m)	冠幅(m)	胸径(cm)	冠层高度(m)	密度(株/hm²)
樟子松	3.5	1	17.8	2	933
	5.5	1.7	18.8	4.5	750
	7.5	2.2	25	6.5	600
	9.5	2.5	29	7.5	467
	11	3.2	30.6	9	400

利用表6.5中的生长指标值及5.3.1节中对应公式,计算出樟子松措施在每种结构配置下的COG值(表6.6)及WF、K'、SCF和EF值(表6.7)。

表6.6 各结构配置下樟子松COG因子计算结果

编号	高度(m)	密度(株/hm²)	COG	编号	高度(m)	密度(株/hm²)	COG
1	3.5	933	0.207 2	14	7.5	467	0.095 4
2	3.5	750	0.229 5	15	7.5	400	0.110 6
3	3.5	600	0.251 4	16	9.5	933	0.024
4	3.5	467	0.274 4	17	9.5	750	0.035 3
5	3.5	400	0.287 7	18	9.5	600	0.049 6
6	5.5	933	0.087 9	19	9.5	467	0.068 9
7	5.5	750	0.108 9	20	9.5	400	0.082 3
8	5.5	600	0.131 8	21	11	933	0.009 9
9	5.5	467	0.158 3	22	11	750	0.016 3
10	5.5	400	0.174 9	23	11	600	0.025 4
11	7.5	933	0.040 0	24	11	467	0.039
12	7.5	750	0.054 9	25	11	400	0.049 2
13	7.5	600	0.072 7				

表 6.7 樟子松措施下风蚀模型参数指标

措施	WF(kg/m)	K'	SCF	EF
樟子松	0.79	0.8	0.91	0.68

樟子松措施下结构指标与风蚀率对应情况如图 6.2 所示，不同樟子松高度下土壤风蚀削减率随密度的拟合方程如表 6.8 所示。在樟子松措施下，树高为 3.5 m 时，由对应的拟合方程可知，当密度增加到 833 株/hm² 时，风蚀相对削减率最大，为 6.19%；当密度增加到 1 388 株/hm² 时，风蚀相对削减率接近 0。树高为 5.5 m 时，由对应的拟合方程可知，当密度增加到 743 株/hm² 时，风蚀相对削减率最大，为 5.41%；当密度增加到 1 262 株/hm² 时，风蚀相对削减率接近 0。树高为 7.5 m 时，由对应的拟合方程可知，当密度增加到 740 株/hm² 时，风蚀相对削减率最大，为 3.83%；当密度增加到 1 359 株/hm² 时，风蚀相对削减率接近 0。树高为 9.5 m 时，由对应的拟合方程可知，当密度增加到 536 株/hm² 时，风蚀相对削减率最大，为 1.96%；当密度增加到 1 065 株/hm² 时，风蚀相对削减率接近 0。树高为 11 m 时，由对应的拟合方程可知，当密度增加到 250 株/hm² 时，风蚀相对削减率最大，为 1.08%；当密度增加到 983 株/hm² 时，风蚀相对削减率接近 0。

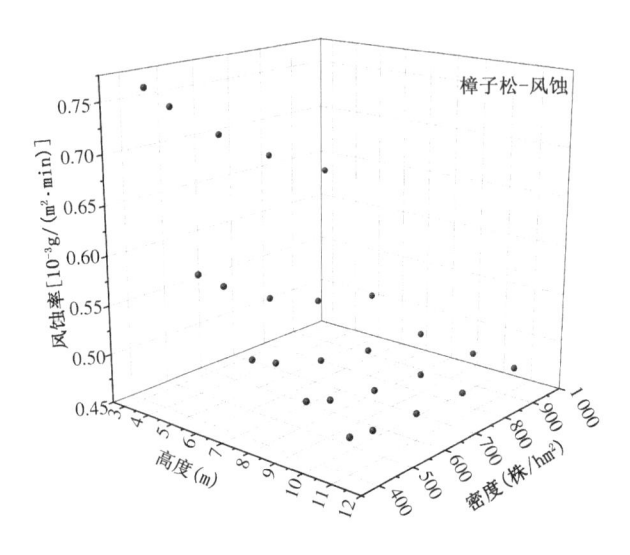

图 6.2 樟子松措施下结构指标与风蚀率关系

表 6.8 不同樟子松高度下土壤风蚀削减率随密度的拟合方程

树高(m)	拟合方程	R^2
3.5	$y=-2\times10^{-5}x^2+0.0333x-7.6696$	0.8130
5.5	$y=-2\times10^{-5}x^2+0.0297x-5.6172$	0.6598
7.5	$y=-1\times10^{-5}x^2+0.0148x-1.6419$	0.7815
9.5	$y=-7\times10^{-6}x^2+0.0075x-0.0468$	0.8375
11	$y=-2\times10^{-6}x^2+0.001x+0.9511$	0.8940

6.1.3 以减少土壤风蚀为目的的柠条植被结构优化

依据文献调研及实地调查，根据第四章中描述，柠条措施的生长指标如表 6.9 所示。

表 6.9 柠条措施的生长指标

措施名称	树高(m)	冠幅(m)	地径(cm)	冠层高度(m)	密度(株/hm²)
柠条	0.5	0.4	0.6	0.5	933
	1	1.2	0.8	1	833
	1.5	1.7	0.9	1.5	666
	2	2.4	2.1	2	466
	2.5	3	2.5	2.5	400

利用表 6.9 中的生长指标值及 5.3.1 节中对应公式，计算出柠条措施在每种结构配置下的 COG 值(表 6.10)及 WF、K'、SCF 和 EF 值(表 6.11)。

表 6.10 各结构配置下柠条 COG 因子计算结果

编号	高度(m)	密度(株/hm²)	COG	编号	高度(m)	密度(株/hm²)	COG
1	0.5	933	0.3908	6	1	933	0.2881
2	0.5	833	0.3949	7	1	833	0.2975
3	0.5	666	0.4022	8	1	666	0.3146
4	0.5	466	0.4122	9	1	466	0.3390
5	0.5	400	0.4159	10	1	400	0.3485

续表

编号	高度(m)	密度(株/hm²)	COG	编号	高度(m)	密度(株/hm²)	COG
11	1.5	933	0.216 3	19	2	466	0.223 4
12	1.5	833	0.227 9	20	2	400	0.238 9
13	1.5	666	0.249 7	21	2.5	933	0.104 4
14	1.5	466	0.282 1	22	2.5	833	0.115 7
15	1.5	400	0.295 0	23	2.5	666	0.138 7
16	2	933	0.150 5	24	2.5	466	0.176 7
17	2	833	0.162 6	25	2.5	400	0.193 2
18	2	666	0.186 3				

表6.11 柠条措施下风蚀模型参数指标

措施	WF(kg/m)	K'	SCF	EF
柠条	0.79	0.81	0.93	0.73

柠条措施下结构指标与风蚀率对应情况如图6.3所示,不同柠条高度下土壤风蚀削减率随密度的拟合方程如表6.12所示。在柠条措施下,树高为0.5 m时,由对应的拟合方程可知,当密度增加到598株/hm²时,风蚀相对削减率最大,为0.45%;当密度增加到720株/hm²时,风蚀相对削减率接近0。树高为1 m时,由对

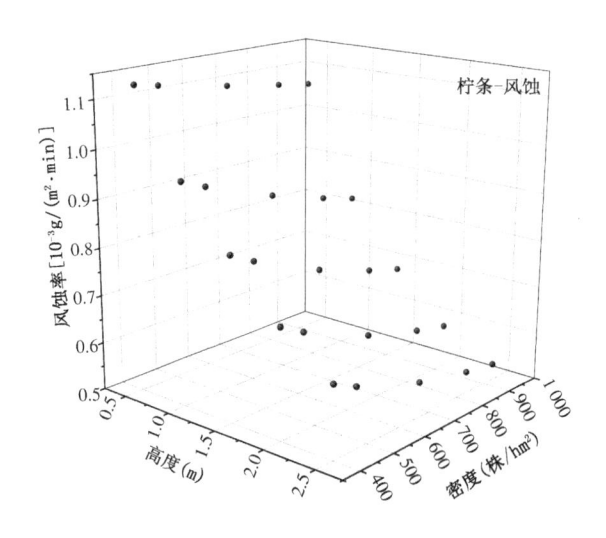

图6.3 柠条措施下结构指标与风蚀率关系

应的拟合方程可知,当密度增加到745株/hm² 时,风蚀相对削减率最大,为7.94%;当密度增加到1 108株/hm² 时,风蚀相对削减率接近0。树高为1.5 m时,由对应的拟合方程可知,当密度增加到734株/hm² 时,风蚀相对削减率最大,为10.11%;当密度增加到1 089株/hm² 时,风蚀相对削减率接近0。树高为2 m时,由对应的拟合方程可知,当密度增加到710株/hm² 时,风蚀相对削减率最大,为10.05%;当密度增加到1 044株/hm² 时,风蚀相对削减率接近0。树高为2.5 m时,由对应的拟合方程可知,当密度增加到659株/hm² 时,风蚀相对削减率最大,为6.95%;当密度增加到937株/hm² 时,风蚀相对削减率接近0。

表6.12　不同柠条高度下土壤风蚀削减率随密度的拟合方程

树高(m)	拟合方程	R^2
0.5	$y=-3\times10^{-5}x^2+0.035\ 9x-10.290$	0.983 9
1	$y=-6\times10^{-5}x^2+0.089\ 4x-25.363$	0.978 9
1.5	$y=-8\times10^{-5}x^2+0.117\ 4x-32.964$	0.971 8
2	$y=-9\times10^{-5}x^2+0.127\ 8x-35.322$	0.959 4
2.5	$y=-9\times10^{-5}x^2+0.118\ 7x-32.193$	0.944 6

6.2　以减少土壤风蚀为目的的保护性耕作结构优化

依据文献调研及实地调查,根据第四章中描述,留茬措施的生长指标如表6.13所示。

表6.13　留茬措施的生长指标

措施名称	高度(cm)	直径(cm)	密度[株/(10^2 m²)]
留茬	10	1	2 500
	15	1	1 250
	20	1	875
	25	1	625
	30	1	500

利用表 6.13 中的生长指标值及 5.3.1 节中对应公式,计算出留茬措施在每种结构配置下的 COG 值(表 6.14)及 WF、K'、SCF 和 EF 值(表 6.15)。

表 6.14　各结构配置下留茬 COG 因子计算结果

编号	高度(cm)	密度[株/(10^2 m²)]	COG	编号	高度(cm)	密度[株/(10^2 m²)]	COG
1	10	2 500	0.333 2	14	20	625	0.375 8
2	10	1 250	0.373 4	15	20	500	0.386 5
3	10	875	0.389 4	16	25	2 500	0.260 3
4	10	625	0.402 0	17	25	1 250	0.319 6
5	10	500	0.409 3	18	25	875	0.344 7
6	15	2 500	0.304 0	19	25	625	0.365 1
7	15	1 250	0.352 4	20	25	500	0.377 1
8	15	875	0.372 1	21	30	2 500	0.243 0
9	15	625	0.387 9	22	30	1 250	0.306 0
10	15	500	0.397 8	23	30	875	0.333 2
11	20	2 500	0.280 3	24	30	625	0.355 4
12	20	1 250	0.334 9	25	30	500	0.368 6
13	20	875	0.357 5				

表 6.15　留茬措施下风蚀模型参数指标

措施	WF(kg/m)	K'	SCF	EF
留茬	0.79	0.72	0.83	0.59

留茬措施下结构指标与风蚀率对应情况如图 6.4 所示,不同留茬密度下土壤风蚀削减率随高度的拟合方程如表 6.16 所示。在留茬措施下,当密度为 2 500 株/(10^2 m²)时,风蚀相对削减率与高度的关系式为:$y = -0.127\,9x + 6.204\,2$,$R^2 = 0.976\,2$。当高度为 48.5 cm 时,风蚀相对削减率为 0。当密度为 1 250 株/(10^2 m²)时,风蚀相对削减率与高度的关系式为:$y = -0.078\,6x + 4.363\,9$,$R^2 = 0.977\,4$。当高度为 55.52 cm 时,风蚀相对削减率为 0。当密度为 875 株/

(10^2 m²)时,风蚀相对削减率与高度的关系式为:$y=-0.060\,5x+3.552\,3$,$R^2=0.977\,3$。当高度为 58.72 cm 时,风蚀相对削减率为 0。当密度为 625 株/(10^2 m²)时,风蚀相对削减率与高度的关系式为:$y=-0.046\,9x+2.886\,2$,$R^2=0.977\,1$。当高度为 61.54 cm 时,风蚀相对削减率为 0。当密度为 500 株/(10^2 m²)时,风蚀相对削减率与高度的关系式为:$y=-0.039\,4x+2.493\,8$,$R^2=0.976\,8$。当高度为 63.29 cm 时,风蚀相对削减率为 0。

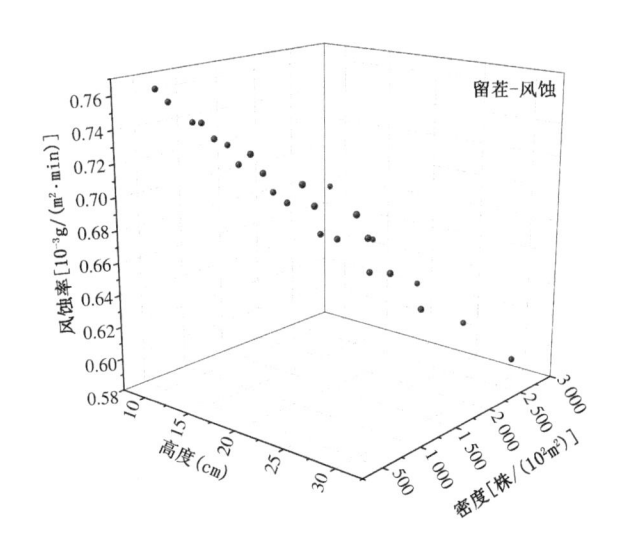

图 6.4 留茬措施下结构指标与风蚀率关系

表 6.16 不同留茬密度下土壤风蚀削减率随高度的拟合方程

密度[株/(10^2 m²)]	拟合方程	R^2
2 500	$y=-0.127\,9x+6.204\,2$	0.976 2
1 250	$y=-0.078\,6x+4.363\,9$	0.977 4
875	$y=-0.060\,5x+3.552\,3$	0.977 3
625	$y=-0.046\,9x+2.886\,2$	0.977 1
500	$y=-0.039\,4x+2.493\,8$	0.976 8

参 考 文 献

SALEH A,刘增文,1995.用链条法测定地表糙度[J].水土保持科技情报,(1):14-16.

奥勃鲁契夫 B A,1958.中亚细亚的风化和吹扬作用[G]//砂与黄土问题.乐铸,刘东升译.北京:科学出版社:1-36.

陈娟,2014.荒漠草原人工柠条林防治土壤风蚀效应研究[D].银川:宁夏大学.

陈渭南,董光荣,董治宝,1994.中国北方土壤风蚀问题研究的进展与趋势[J].地球科学进展,9(5):6-12.

陈智,麻硕士,赵永来,等,2010.保护性耕作农田地表风沙流特性[J].农业工程学报,26(1):118-122.

丁国栋,2010.风沙物理学[M].2版.北京:中国林业出版社.

董光荣,李长治,金炯,等,1987.关于土壤风蚀风洞模拟实验的某些结果[J].科学通报,32(4):297-301.

董苗,严平,孟小楠,等,2018.碳酸钙含量对土壤风蚀强度的影响[J].水土保持研究,25(5):18-23.

董治宝,FRYR D W,高尚玉,2000.直立植物防沙措施粗糙特征的模拟实验[J].中国沙漠,20(3):260-263.

董治宝,陈渭南,董光荣,等,1996a.植被对风沙土风蚀作用的影响[J].环境科学学报,16(4):437-443.

董治宝,陈渭南,李振山,等,1996b.植被对土壤风蚀影响作用的实验研究[J].土壤侵蚀与水土保持学报,2(2):1-8.

董治宝,钱广强,2007.关于土壤水分对风蚀起动风速影响研究的现状与问题[J].土壤学报,44(5):934-942.

董治宝,1998.建立小流域风蚀量统计模型初探[J].水土保持通报,18(5):55-62.

段学友,童淑敏,陈智,2005.植被保护对土壤抗风蚀性能的影响[J].农村牧区机械化(1):13-15.

冯晓静,2007.北京周边保护性耕作防治土壤风蚀效果监测[C]//中国农业工程学会.2007年中国农业工程学会学术年会论文摘要集:52.

巩国丽,刘纪远,邵全琴,2014.基于RWEQ的20世纪90年代以来内蒙古锡林郭勒盟土壤风蚀研究[J].地理科学进展,33(6):825-834.

巩国丽,2014.中国北方土壤风蚀时空变化特征及影响因素分析[D].北京:中国科学院大学.

郭晓妮,马礼,2009.坝上地区不同土地利用类型的地块土壤年风蚀量的对比——以河北省张家口市康保牧场为例[J].首都师范大学学报(自然科学版),30(4):93-96.

郭中领,2012.RWEQ模型参数修订及其在中国北方应用研究[D].北京:北京师范大学.

哈斯,陈渭南,1996.耕作方式对土壤风蚀的影响——以河北坝上地区为例[J].土壤侵蚀与水土保持学报,2(1):10-16.

海春兴,刘宝元,赵烨,2002.土壤湿度和植被盖度对土壤风蚀的影响[J].应用生态学报,13(8):1057-1058.

韩建国,王堃,2000.我国农牧交错带的农牧业生产现状及产业结构调整[C]//中国农学会,中国草原学会.全国半农半牧区草地农业可持续发展研讨会文集:67-73.

郝阳毅,向雅琴,刘高坤,等,2020.不同留茬高度对构树产量、营养成分及其青贮品质和体外发酵的影响[J].动物营养学报,32(5):2387-2396.

何洪鸣,周杰,2002.防护林对沙尘阻滞作用的机理分析——建立微分方程的动态模型[J].中国沙漠,22(2):197-200.

何文清,赵彩霞,高旺盛,等,2005.不同土地利用方式下土壤风蚀主要影响因子研究——以内蒙古武川县为例[J].应用生态学报,16(11):2092-2096.

贺大良,高有广,1988.沙粒跃移运动的高速摄影研究[J].中国沙漠,8(1):18-29.

胡孟春,刘玉章,乌兰,等,1991.科尔沁沙地土壤风蚀的风洞实验研究[J].中国沙漠(1):22-29.

黄富祥,牛海山,王明星,等,2001.毛乌素沙地植被覆盖率与风蚀输沙率定量关系[J].地理学报,56(6):700-710.

黄富祥,王明星,王跃思,2002.植被覆盖对风蚀地表保护作用研究的某些新进展[J].植物生态学报,26(5):627-633.

李瑞平,杜娟,刘润萍,2017.冀西北小五台山区针阔混交林样地监测分析及对策研究[J].湖北林业科技,46(1):51-54.

李银科,李菁菁,周兰萍,等,2019.河西绿洲灌区保护性耕作对土壤风蚀特征的影响[J].中国生态农业学报(中英文),27(9):1421-1429.

李玉梅,王根林,刘峥宇,等,2019.秸秆还田方式对草甸土有机碳和硝态氮分布特征的影响[J].安徽农业科学,47(24):63-66.

梁金凤,郭宁,于跃跃,等,2016.北京地区玉米秸秆还田对土壤培肥及增产效应的研究[J].中国农技推广,32(10):43-47.

林艺,李和平,肖波,2017.东北黑土区农田土壤风蚀的影响因素及其数量关系[J].水土保持学报,31(4):44-50.

凌裕泉,吴正,1980.风沙运动的动态摄影实验[J].地理学报(2):80-87.

刘虎俊,袁宏波,郭春秀,等,2015.均匀配置的两种仿真灌木林防风效应野外观测[J].中国沙漠,35(1):8-13.

刘洋,孙占祥,冯良山,等,2009.实行保护性耕作技术,促进旱作农业可持续发展[J].辽宁农业科学(3):41-43.

刘玉新,2019.玉米种植保护性耕作技术应用模式[J].吉林农业(21):32.

刘裕春,李钢铁,郭丽珍,等,1999.国内外保护性农业耕作技术研究[J].内蒙古林学院学报(3):83-88.

刘自强,2019.华北地区典型林木水分运移过程与利用机制研究[D].北京:北京林业大学.

路战远,程玉臣,王玉芬,等,2019.北方农牧交错区保护性耕作技术创新与趋势分析[J].北方农业学报,47(3):46-52.

麻硕士,陈智,2010.土壤风蚀测试与控制技术[M].北京:科学出版社.

马瑞,王继和,刘虎俊,等,2009.不同密度梭梭林对风速的影响[J].水土保持学报,23(2):249-252.

马世威,1988.风沙流结构的研究[J].中国沙漠,8(3):8-22.

马艳萍,黄宁,2011.植被与风蚀耦合动力学模型及其应用[J].中国沙漠,31(3):665-671.

曲堂波,2013.发挥农机作用,促进节水农业发展[J].农业开发与装备(12):6.

沈晓东,程致力,区柏森,等,1992.防风固沙林阻沙效果的风洞模拟实验[J].林业科学研究,5(2):219-224.

沈裕琥,黄相国,王海庆,1998.秸秆覆盖的农田效应[J].干旱地区农业研究,16(1):48-53.

史培军,2002.中国土壤风蚀研究的现状与展望[R].第十二届国际水土保持大会邀请学术报告.

赫定,1997.罗布泊探秘[M].王安洪,崔延虎译.乌鲁木齐:新疆人民出版社:1-32.

孙国梁,2004.留茬保护地对减少土壤风蚀的作用[J].农村牧区机械化(1):17.

孙建,刘苗,李立军,等,2009.不同耕作方式对内蒙古旱作农田土壤微生物量和作物指标的影响[J].生态学杂志,28(11):2279-2285.

孙艳红,2011.延庆县小流域综合治理模式及效益评价研究[D].北京:北京林业大学.

孙悦超,麻硕士,陈智,等,2007.阴山北麓干旱半干旱区地表土壤风蚀测试与分析[J].农业工程学报,23(12):1-5.

孙悦超,麻硕士,陈智,等,2009.保护性耕作农田风沙流空间分布规律研究[J].干旱地区农业研究,27(4):180-184,229.

王仁德,常春平,郭中领,等,2017.适用于河北坝上地区的农田风蚀经验模型[J].中国沙漠,37(6):1071-1078.

王仁德,肖登攀,常春平,等,2014.改进粒度对比法估算单次农田风蚀量[J].农业工程学报,30(21):278-285.

王仁德,肖登攀,常春平,等,2015.农田风蚀量随风速的变化[J].中国沙漠,35(5):1120-1127.

王仁德,邹学勇,吴晓旭,等,2009.半湿润区农田风蚀物垂直分布特征[J].水土保持学报,23(5):39-43.

王仁德,邹学勇,赵婧妍,2012.半湿润区农田土壤风蚀的风洞模拟研究[J].中国沙漠,32(3):640-646.

王伟,2018.玉米保护性耕作技术要点[J].河南农业(科技版)(17):16.

王翔宇,2010.不同配置格局沙蒿灌丛防风阻沙效果研究[D].北京:北京林业大学.

王晓东,岳德鹏,刘永兵,2005.土壤风蚀与植被防护研究[J].西部林业科学,34(2):108-112.

王训明,董治宝,武生智,等,2001.土壤风蚀过程的一类随机模型[J].水土保持通报,21(1):19-22.

王云超,2006.河北坝上农牧交错区不同下垫面土壤风蚀监测及研究[D].保定:河北农业大学.

魏延富,2005.机电伺服触觉式秸秆导向系统试验研究[D].北京:中国农业大学.

吴崇海,李振金,顾士领,1996.高留麦茬的整体效应与配套技术研究[J].干旱地区农业研究,14(1):43-48.

吴芳芳,曹月娥,卢刚,等,2016.准东地区土壤风蚀影响因子分析与风蚀量估算[J].水土保持学报,30(6):56-60,66.

吴正,1987.风沙地貌学[M].北京:科学出版社.

谢时茵,2019.保护性耕作对土壤风蚀扬尘的防治作用研究[D].北京:北京林业大学.

严平,董光荣,2003.青海共和盆地土壤风蚀的^{137}Cs法研究[J].土壤学报,40(4):497-503.

严长庚,王立,杨彩红,等,2019.甘肃河西地区保护性耕作对土壤风蚀的影响[J].甘肃农业大学学报,54(5):163-168.

杨彩红,冯福学,柴强,等,2019.小麦玉米田耕作模式的防风蚀效果[J].中国沙漠,39(4):

9-15.

杨钦,2017.河北坝上不同土地利用方式的风蚀研究[D].石家庄:河北师范大学.

殷代英,屈建军,赵素平,等,2016.砾质戈壁在不同扰动方式下的风蚀量研究——以敦煌雅丹地质公园北边的砾质戈壁为例[J].干旱区地理,39(3):495-503.

于爱忠,黄高宝,2008.内陆河灌区不同耕作方式下土壤风蚀主要影响因子研究[C]//中国农学会耕作制度分会.中国农作制度研究进展,沈阳:辽宁科学技术出版社:358-363.

于明涛,尚润阳,刘义忠,等,2008.免耕留茬控制风蚀机理[J].内蒙古林业调查设计,31(2):8-10,20.

俞学曾,区柏森,沈晓东,1991.防护林防沙效应风洞模拟实验[J].气动实验与测量控制(4):46-52.

臧英,高焕文,2006.土壤风蚀采沙器的结构设计与性能试验研究[J].农业工程学报,22(3):46-50.

臧英,高焕文,周建忠,2003.保护性耕作对农田土壤风蚀影响的试验研究[J].农业工程学报,19(2):56-60.

张春来,宋长青,王振亭,等,2018.土壤风蚀过程研究回顾与展望[J].地球科学进展,33(1):27-41.

张春来,邹学勇,董光荣,等,2002.耕作土壤表面的空气动力学粗糙度及其对土壤风蚀的影响[J].中国沙漠,22(5):473-475.

张春来,邹学勇,董光荣,等,2003.植被对土壤风蚀影响的风洞实验研究[J].水土保持学报,17(3):31-33.

张贵武,2019.辽宁北塔镇推广保护性耕作技术的模式与成效[J].农业工程技术,39(11):34.

张国平,刘纪远,张增祥,等.2002.1995—2000年中国沙地空间格局变化的遥感研究[J].生态学报,22(9):1500-1506.

张华,李锋瑞,张铜会,等,2002.春季裸露沙质农田土壤风蚀量动态与变异特征[J].水土保持学报,16(1):29-32,79.

赵彩霞,郑大玮,何文清,2005.植被覆盖度的时间变化及其防风蚀效应[J].植物生态学报,29(1):68-73.

赵满全,王金莲,刘汉涛,等,2010.集沙仪结构参数对集沙效率的影响[J].农业工程学报,26(3):140-145.

赵满全,刘汉涛,麻硕士,等,2006.农牧交错区农田留茬和秸秆覆盖对地表风蚀的影响[C]//中国农业工程学会.2006中国科协年会农业分会场论文专集:44-47.

赵沛义,妥德宝,李焕春,等,2011.带田残茬带宽度及高度对土壤风蚀模数影响的风洞试验

[J].农业工程学报,27(11):206-210.

赵永来,陈智,孙悦超,等,2011.作物残茬覆盖农田地表土壤抗风蚀效应试验[J].农业机械学报,42(6):38-42,37.

赵云,穆兴民,王飞,等,2012.保护性耕作对农田土壤风蚀影响的室内风洞实验研究[J].水土保持研究,19(3):16-19.

郑洪兵,刘武仁,罗洋,等,2018.耕作方式对农田土壤水分变化特征及水分利用效率的影响[J].水土保持学报,32(3):264-270.

周建忠,路明,2004.保护性耕作残茬覆盖防治农田土壤风蚀的试验研究[J].吉林农业大学学报,26(2):170-173,178.

AVECILLA F, PANEBIANCO J E, BUSCHIAZZO D E, 2015. Variable effects of saltation and soil properties on wind erosion of different textured soils[J]. Aeolian Research, 18: 145-153.

BAGNOLD R A, 1941. The physics of blown sand and desert dunes[M]. New York: Dover Publications.

BERGAMETTI G, RAJOT J L, PIERRE C, et al, 2016. How long does precipitation inhibit wind erosion in the Sahel? [J]. Geophysical Research Letters, 43: 6643-6649.

BERKEY C P, MORRIS F K, 1927. Geology of Mongolia. Natural History of Central Asia [M]. New York: American Museum of Natural History: 33-69.

BLAKE W P, 1855. On the grooving and polishing of hard rocks and minerals by dry sand[J]. American Journal of Science and Arts (1820—1879), 20(59): 178.

BOCHAROV A P, 1984. A description of devices used in the study of wind erosion of soils [M]. New Delhi: Oxonian Press, Pvt. Ltd.

BRESHEARS D D, HUXMAN T E, ADAMS H D, et al, 2008. Vegetation Synchronously Leans Upslope as Climate Warms[J]. Proceeding of the National Academy Sciences USA, 105(33): 11591-11592.

BRESSOLIER C, THOMAS Y F, 1979. Studies on wind and plant interactions on French Atlantic coastal dunes[J]. Journal of Sedimentary Research, 47(1): 331-338.

BUSCHIAZZO D E, ZOBECK T M, 2008. Validation of WEQ, RWEQ and WEPS wind erosion for different arable land management systems in the Argentinean Pampas[J]. Earth Surface Processes and Landforms, 33(12): 1839-1850.

BUTTERFIELD G R, 1999. Near-bed mass flux profiles in aeolian sand transport: high-resolution measurements in a wind tunnel[J]. Earth Surface Processes & Landforms, 24(5):

393-412.

CHEPIL W S, WOODRUFF N P, 1963. The physics of wind erosion and its control[J]. Advances in Agronomy, 15: 211-302.

CLAUSNITZER H, SINGER M J, 1996. Respirable-dust production from agricultural operations in the Sacramento Valley, California[J]. Journal of Environmental Quality, 25(4): 877-884.

DABA S, RIEGER W, STRAUSS P, 2003. Assessment of gully erosion in Eastern Ethiopia using photogrammetric techniques[J]. Catena, 50(2-4): 273-291.

DERPSCH R, FRIEDRICH T, KASSAM A, et al, 2010. Current status of adoption of no-till farming in the world and some of its main benefits[J]. International Journal of Agricultural and Biological Engineering, 3(1): 1-25.

EHRENBERG C G, 1847. Uber die mikroskopischen kieselschaligen Polycystinen als machtige Gebirgsmasse von Barbados und uber das Verhaltniss der aus mehr als 300 neuen Arten bestehenden ganz eigenthumlichen Formengruppe jener Felsmasse zu den jetzt lebender Thieren und zur Kreidebildung. Eine neue Anrgung zur Erforschung des Erdlebens[J]. Verhandlungen der Koniglich Preussische Akademie der Wissenschaften zu Berlin: 40-60.

ENGELSTAEDTER S, WASHINGTON R, 2007. Atmospheric controls on the annual cycle of North African dust[J]. Journal of Geophysical Research, 112(D3): D03103.

EVANS R, 2005. Reducing soil erosion and the loss of soil fertility for environmentally-sustainable agricultural cropping and livestock production systems[J]. Annals of Applied Biology, 146(2): 137-146.

FINDLATER P A, CARTER D J, SCOTT W D, 1990. A model to predict the effects of prostrate ground cover on wind erosion[J]. Australian Journal of Soil Research, 28(4): 609-622.

FREE E E, 1911. The movement of soil material by the wind[M]. Washington D.C.: U.S. Government Printing Office.

FRYREAR D W, SALEH A, BILBRO J D, et al, 1998. Revised Wind Erosion Equation (RWEQ)[R]. Lubbock, TX: Wind Erosion and Water Conservation Research Unit. USDA-ARS. Southern Plains Area Cropping Systems Research Laboratory. Technical Bulletin NO. 1.

FRYREAR D W, 1985. Soil cover and wind erosion[J]. Transactions of the ASAE, 28(3): 781-784.

参 考 文 献

FRYREAR D W, WASSIF M M, TADRUS S F, et al, 2008. Dust measurements in the Egyptian Northwest Coastal Zone[J]. Transactions of the ASABE, 51(4): 1255-1262.

FUNK R, ENGEL W, 2015. Investigations with a field wind tunnel to estimate the wind erosion risk of row crops[J]. Soil & Tillage Research, 145: 224-232.

GRAHAM R L, NELSON R, SHEEHAN J, et al, 2007. Current and Potential U. S. Corn Stover Supplies[J]. Agronomy Journal, 99(1): 1-11.

GREGORY J M, BORRELLI J, FEDLER C B, 1988. Team: Texas erosion analysis model[C] // Proceedings of 1988 Wind Erosion Conference, Texas: 88-103.

HAGEN L J, 1991. A Wind Erosion Prediction System to Meet User Needs. Journal of Soil and Water Conservation, 46: 106-111.

HOLLAND E A, BRASWELL B H, SULZMAN J, et al, 2005. Nitrogen deposition onto the United States and Western Europe: synthesis of observations and models[J]. Ecological Applications, 15(1): 38-57.

LAL R, REICOSKY D C, HANSON J D, 2007. Evolution of the plow over 10 000 years and the rationale for no-till farming[J]. Soil and Tillage Research, 93(1): 1-12.

LEE B E, SOLIMAN B F, 1977. An investigation of the forces on three dimensional bluff bodies in rough wall turbulent boundary layers[J]. Journal of Fluids Engineering, 99(3): 503-509.

LEENDERS J K, 2006. Wind erosion control with scattered vegetation in the Sahelian zone of Burkina Faso[D]. Wageningen: Wageningen University and Research Centre.

LEENDERS J K, VAN BOXEL J H V, STERK G, 2007. The effect of single vegetation elements on wind speed and sediment transport in the Sahelian zone of Burkina Faso[J]. Earth Surface Processes and Landforms, 32(10): 1454-1474.

LETTAU H, 1969. Note on aerodynamic roughness-parameter estimation on the basis of roughness element description[J]. Journal of Applied Meteorology, 8(5): 828-832.

LYLES L, ALLISON B E, 1981. Equivalent wind-erosion protection from selected crop residues[J]. Transactions of the ASAE, 24(24): 405-408.

MARSHALL J K, 1971. Drag measurements in roughness arrays of varying density and distribution[J]. Agricultural Meteorology, 8: 269-292.

MENDEZ M J, BUSCHIAZZO D E, 2010. Wind erosion risk in agricultural soils under different tillage systems in the semiarid Pampas of Argentina[J]. Soil and Tillage Research, 106 (2): 311-316.

MENDEZ M J, BUSCHIAZZO D E, 2015. Soil coverage evolution and wind erosion risk on summer crops under contrasting tillage systems[J]. Aeolian Research, 16: 117-124.

MINER G L, HANSEN N C, INMAN D, et al, 2013. Constraints of no-till dryland agroecosystems as bioenergy production systems[J]. Agronomy Journal, 105(2): 364-376.

MONTGOMERY D R, 2007. Soil erosion and agricultural sustainability[J]. Proceedings of the National Academy of Sciences of the United States of America, 104(33): 13268-13272.

NI J R, LI Z S, MENDOZA C, 2003. Vertical profiles of aeolian sand mass flux[J]. Geomorphology, 49(3-4): 205-218.

Pasak V, 1973. Wind erosion on soils[J]. VUM zbraslaav Scientific Monographs, 9 (30): 78-89.

RAVI S, ZOBECK T M, SANKEY J, 2012. Post-disturbance dust emissions in dry lands: the role of anthropogenic and climatic factors[C] // Conference: American Geophysical Union at San Francisco, CA.

SHAO Y P, RAUPACH M R, LEYS J F, 1996. A model for predicting aeolian sand drift and dust entrainment on scales from paddock to region[J]. Australian Journal Soil Research, 34: 309-342.

SHARRATT B S, VADDELLA V K, FENG G, 2013. Threshold friction velocity influenced by wetness of soils within the Columbia Plateau[J]. Aeolian Research, 9(142): 175-182.

STETLER L D, SAXTON K E, 1996. Wind erosion and PM_{10} emissions from agricultural fields on the Columbia Plateau[J]. Earth Surface Processes and Landforms, 21(7): 673-685.

TANAKA D L, LYON D J, MILLER P R, et al, 2010. Soil and water conservation advances in the semiarid northern Great Plains[J]. Soil and Water Conservation Advances in the United States, 60: 81-102.

VON RICHTHOFEN F, 1877. China: Ergebnisse Eigener Reisen Und Darauf Gegründeter Studien[M]. Berlin: Dietrich Reimer.

WOODRUFF N P, SIDDOWAY F H, 1965. A Wind Erosion Equation[J]. Soil Science Society of America Journal, 29(5): 602-608.

YOUSSEF F, VISSER S, KARSSENBERG D, et al, 2012a. Calibration of RWEQ in a patchy landscape: a first step towards a regional scale wind erosion model[J]. Aeolian Research, 3 (4): 467-476.

YOUSSEF F, VISSER S M, KARSSENBERG D, et al, 2012b. The effect of vegetation patterns on wind-blown mass transport at the regional scale: a wind tunnel experiment[J]. Geomorphology, 159-160: 178-188.

ZOBECK T M, 1991. Abrasion of crusted soils: influence of abrader flux and soil properties [J]. Soil Science Society of America Journal, 55(4): 1091-1097.